金魚

養殖小百科

目　錄

「最常見最親切的觀賞魚─金魚」

對一般人而言，金魚應該是最親切的觀賞魚了。雖然並不熟悉品種名稱，但提及金魚，應該無人不曉才對吧！任何場所，任何人都能輕鬆飼養的金魚，其實自古就存在許許多多的愛好者了。

無論過去或現在，很多人會開始飼養金魚，多半是因為「在撈金魚遊戲中撈到金魚」。尤其是在廟會日子，提著裝在透明塑膠袋的金魚，搖搖擺擺凱旋歸來的心情，更是難以形容。不過，一回到家，卻臨時找不到飼養的容器、用具，隔天才匆忙準備的人也不少。

飼養金魚的人，有的說金魚健康容易存活，有的卻說很快就會死掉。那麼，到底哪種說法才正確呢？

本書將以淺顯易懂的說明，介紹眾多金魚的品種特徵和飼養法。因此第一次飼養金魚時，只要仔細閱讀過本書，必然會獲得許多飼養金魚的啟示。而且，能把可愛的金魚，飼養地更健康、更長壽。

第1章
金魚的型錄
103

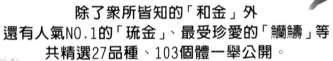

除了眾所皆知的「和金」外
還有人氣NO.1的「琉金」、最受珍愛的「蘭鑄」等
共精選27品種、103個體一舉公開。

具有均勻體型、美麗花紋的更紗琉金幼魚。

琉金

■ 全長 ……………**15～20cm**
體色、花紋 ………素紅、更紗（紅白混色）
■ 尾鰭 ……………三片尾、四片尾、櫻尾
飼養難易度………簡單

提及金魚，大家的腦海中聯想到的幾乎都是這種「琉金」。由此可見琉金是廣受喜愛的金魚代表品種。長長的尾鰭搭配短短圓圓的體型，在當時被認為是改良最進步的「終極金魚」。直到現在，仍然是最受大眾喜歡的品種。

全身紅通通的素紅琉金，和更紗琉金的風格不同。

白色部分比紅色部分多的更紗琉金親魚。

更紗琉金的當歲魚。找不到一尾更紗花紋相同的金魚。

以長長的尾鰭為傲的更紗琉金。鰭是觀賞上的重點。

這是被稱為「玉鯖」的琉金體型，尾鰭呈現燕尾狀。

曾參與品評會的展覽，擁有最高品質的更紗琉金親魚。

體型和琉金一樣，體色卻遺傳花斑凸目金的花斑琉金。

花斑琉金

全長 ·················· **20cm**
體色、花紋 ········花斑（calico）
尾鰭 ·················三片尾、四片尾、櫻尾
飼養難易度········簡單

該品種是以出口目的生產的。所謂「花斑」其實意味著花紋布的斑紋，但自然該品種上市後，相同體色的品種都一概稱為「花斑～」。不過，單獨稱呼花斑時，即指稱這種「花斑琉金」。

相當氣派的花斑琉金親魚。體色要呈現這般明亮色調才受歡迎。

以鮮豔體色引人注目的花斑琉金幼魚。體型也相當完美。

這是撈金魚時最熟悉的鯽尾和金。強健容易飼養。

和金

- 全長 ·················**20～30cm**
- 體色、花紋 ········素紅、更紗（紅白混色）
- 尾鰭 ··············鯽尾、三片尾、四片尾、櫻尾
- 飼養難易度·······相當簡單

金魚是約在1700年前，由在中國發現的緋色鯽魚改良而成的。這也意味著金魚改良歷史的開始，從緋鯽擁有的鯽尾，逐漸出現三片尾、四片尾等開尾的和金。

白色部分較多的更紗和金親魚。這是專為品評會所育成的個體。

以美麗花紋展現魅力的更紗和金。尾鰭是稱為三片尾的種類。

身體閃爍著淡淡藍色和鮮豔紅色的美麗朱文金親魚。

朱文金

全　長 ……………20～30cm
體色、花紋 ………花斑
尾鰭 ………………鯽尾、燕尾
飼養難易度………相當簡單

在日本的明治時代把花斑凸目金和緋鯽交雜培育出的品種。朱文金和彗星（P.64）除了體色外，其他部分完全相同。但由於品種的成立過程不同，可說是唯一具有馬賽克透明鱗性的獨特淡藍色的品種。

獨特的尾鰭給人深刻印象。這是英國產的布勒斯特（Bristol）朱文金。

黑色部分多的朱文金，會出現像這般的穩重格調。

地金是經過人工調色，成為身體白色，各鰭紅色的模樣。

地金

- **全長** ················**18cm**
- **體色、花紋** ········六鱗
- **尾鰭** ················孔雀尾
- **飼養 難易度**·······困難

「地金」是尾鰭相當獨特的和金型品種。這種金魚的色彩是經過人工「調色」而成。在愛好家和市場的評鑑上，如果口部和各鰭不是紅色，身體不是白色的配色方式，就不納入評價的對象。一般的調色方法是在開始褪色之際，將鱗片或頭部表皮加以刮落。如果完全不進行這種調色作業，那就是一尾全身都是紅色的金魚。

地金的另一種特徵是擁有其他品種所沒有的獨特形狀尾鰭（孔雀尾）。

地金的觀賞重點在於體色。愛知縣的愛好家也每年都會舉辦品評會。

肉瘤發達完美，相當有觀賞價值的更紗鱲鱇親魚。

鱲鱇

全長	**15～20cm**
體色、花紋	素紅、更紗（紅白混色）、白、黑、羽衣
尾鰭	三片尾、四片尾、櫻尾
飼養難易度	有些困難

鱲鱇是以缺乏背鰭而聞名的品種。這種品種的歷史相當久遠，現在仍備受許多的愛好者珍愛。從每年舉辦好幾次品評會風潮來看，可見鱲鱇的人氣多麼高昂。最近東南亞各國也跟著舉辦日式的品評會，讓越來越多的海外人士認識鱲鱇的魅力。

專為參與品評會育成的鸞鳳，應以俯視方式欣賞而非側看的金魚。

國內無法見到的茶色鸞鳳，是從中國進口的。

沒有背鰭的蘭鑄，以美麗的背部線條為觀賞重點。

和日本蘭鑄的特性相近的中國產黑蘭鑄親魚。

專為參加每年秋季舉辦的品評會所育成的可愛當歲更紗蘭鑄。

身體和青文魚一樣是青色的蘭鑄。是尾鰭較長的種類。

更紗花紋相當漂亮的圓體荷蘭獅子頭。

荷蘭獅子頭

全長 ················**20～25cm**
體色、花紋 ········素紅、更紗（紅白混色）、黑
尾鰭 ················三片尾、四片尾、櫻尾
飼養 難易度········簡單

雖然品種名中有「荷蘭」的稱呼，不過卻是在200多年前從中國引進的品種，然而最近常見的卻是經過改良為一般人較喜愛的圓形體型。在中國也改良出像「凸目金」般眼睛凸出的品種。

從中國進口，全身漆黑的黑荷蘭獅子頭。是高人氣品種之一。

在魚鰭和身體局部殘留黑色的中國產荷蘭獅子頭。

日本產的大型荷蘭獅子頭。像這樣的配色稱為「老虎」。

被愛好家精心育成的美麗更紗荷蘭獅子頭。

最容易見到的圓體型荷蘭獅子頭。

體色既非茶金也非青文魚,擁有獨特體色品種的瑪瑙荷蘭獅子頭。

從東錦去除黑色和淡藍色，只剩下紅色和白色花紋的櫻花東錦。

東錦

全長 ················· **15～20cm**
體色、花紋 ········花斑
尾鰭 ·················三片尾、四片尾、櫻尾
飼養難易度········相當簡單

東錦擁有荷蘭獅子頭（p.22）的體型和更紗凸目金特有的淡藍色體色。可是，目前見到的東錦卻幾乎是從日本國內或中國養魚場所大量生產的品種。比起原始的東錦，其體型和體色等都有極大差異度。

稀有的紅目東錦。身體的發色過程和白變種不同。

以「花斑荷蘭」名稱進口的中國產東錦。

27

被愛好者精心育成的白變種東錦。紅色的大眼睛讓人印象深刻。

由日本養魚場育成，最容易看到的東錦類型。

肉瘤相當發達的東錦幼魚。美麗的紅色引人注目。

全身都不帶一點紅色，呈現單調卻高雅色彩的東錦。

「江戶錦」在日本外的其他國家被稱為「花斑蘭鑄」。這個個體是中國產。

江戶錦

全長 ⋯⋯⋯⋯⋯約20cm
體色、花紋 ⋯⋯⋯花斑
尾鰭 ⋯⋯⋯⋯⋯⋯三片尾、四片尾、櫻尾
飼養難易度⋯⋯⋯簡單

江戶錦擁有蘭鑄（p.18）般的體型和透明鱗性的淡藍色獨特體色。由於不像東錦（p.26）那麼受到眾多愛好家的青睞，因此改良較不積極，也一直難見到特別漂亮的個體。不過，最近有人從中國進口和江戶錦相同類型的金魚。從中可以發現到比日本產的個體更具品質的江戶錦。

紅色發色強烈的日本國產江戶錦。是以完美體型受肯定的個體。

肉瘤相當發達的江戶錦。肉瘤如照片般發達的江戶錦相當少見。

從江戶錦去掉黑色和淡藍色，就變成這種櫻錦了。

櫻錦

■ 全長 ……………約**20cm**
■ 體色、花紋 ……更紗（紅白混色）
■ 尾鰭 ……………三片尾、四片尾、櫻尾
■ 飼養難易度………相當簡單

1996年才被認定的新品種，也是較新的品種。櫻錦出現之前，江戶錦（p.30）也有像櫻錦一般的紅、白混色個體。可是現在的櫻錦是藉由江戶錦和鱗鱗（p.18）交雜，刻意把江戶錦上的淡青色加以去除而成的。由於這種櫻錦逐漸成為高人氣品種，因此之後所發表的同體色新品種，一律以「櫻～」的品種名來稱呼。

曾參與品評會展覽，以淡雅色彩和漂亮的頭部肉瘤受到讚譽的櫻錦。

公的櫻錦幼魚。鮮麗的紅色是該個體的最大魅力。

與其稱為紅色，不如說是金色的漂亮津輕錦。

津輕錦

▌全長 ……………18～20cm
▌體色、花紋 ………素紅、更紗（紅白混色）、黑、花斑
▌尾鰭 ……………三片尾、四片尾、櫻尾
▌飼養難易度………有些困難

津輕錦是以姿態像長尾鰭的鱗鱅（P.18）為其特徵。原始品
種的頭部卻沒有鱗鱅般的發達肉瘤。在第二次世界大戰中曾
一度消失蹤跡，現在靠鱗鱅和東錦（p.26）交雜，已再度育
成如同過去形態的津輕錦。所謂「津輕錦」的品種名，其實是
在日本昭和時代才命名的。

津輕錦的當歲魚。像這般較慢褪色的個體並不少。

還沒有褪色徵兆的津輕錦二歲魚。

美麗的花班濱錦。可惜頭部水泡肉瘤不夠發達。

濱錦

全長 ·················約**18cm**
體色、花紋 ········素紅、更紗（紅白混色）、花斑
尾鰭 ·············三片尾、四片尾、櫻尾
飼養難易度········有些困難

濱錦是從中國進口的高頭珍珠鱗（p56）中，選出頭部肉瘤發達的鱅鱃型珍珠鱗，然後改良育成的品種。這種金魚的最大特徵是頭部有像水泡般的發達肉瘤。如果水泡肉瘤不發達時，就和高頭珍珠鱗很難區別。

濱錦的最大魅力在於兩個像圓球水泡一般的肉瘤。

具有像這般勻稱體型的親魚相當罕見。

中國產的更紗秋錦。長長的尾鰭是該品種的特徵。

秋錦

全長 ······················ **18～20cm**
體色、花紋 ········· 素紅、更紗（紅白混色）
尾鰭 ···················· 三片尾、四片尾、櫻尾
飼養難易度 ········ 有些困難

在日本藉由鱗鱗（P.18）和荷蘭獅子頭（P.22）交雜而成的品種。感覺雖然類似長尾鰭的鱗鱗，可是據說因為嚮往荷蘭獅子頭沒有背鰭的線條，才改良飼養成這種形態。秋錦的系統曾經中斷過，後來在各地復育，可是已偏離原始的秋錦系統。目前把鱗鱗型的長尾鰭品種，都概稱為「秋錦」。

以該品種而言，算是完成度相當不錯的素紅秋錦。是從中國輸入的品種。

本國產的秋錦。身體線條比較纖細，但肉瘤的發達程度還算不差。

像這麼美麗的更紗土佐金，並非任何地方都看得見的。

土佐金

■全長 ……………約**15cm**
　體色、花紋 ……素紅、更紗（紅白混色）、花斑
■尾鰭 ……………翻翹尾
　飼養難易度 ……困難

土佐金具有的獨特姿容受到眾多人士的喜愛，可是飼養上需要
相當高的技巧和熟練度。因為飼養者本身必須具備培育理想尾
鰭和體型等的經驗。另外，由於尾鰭呈現翻翹的特殊形狀，因
此游水速度較慢。請別和其他品種的金魚一起飼養為宜。

擁有複雜花紋的更紗土佐金。頭部是白色,口部呈現紅色,讓整體色彩取得統合。

土佐金是適合俯視觀賞的品種。最值得觀賞的部位是會翻來覆去的翻翹尾。

南京是以金魚中罕見的白色體色受青睞的品種。

南京

■ 全長 ⋯⋯⋯⋯⋯約**15cm**
　體色、花紋 ⋯⋯⋯更紗（紅白混色）、白、六鱗
■ 尾鰭 ⋯⋯⋯⋯⋯⋯四片尾
　飼 養 難易度 ⋯⋯⋯有些困難

「南京」這種金魚和鱗鱗（p.18）一樣缺乏背鰭。可是頭部卻
沒有鱗鱗般值得觀賞的肉瘤。同時，「南京」也不像多半的
金魚般以紅色的體色受寵，反而是以白色的體色受到珍愛。又
因不像琉金（p.6）等被大量育成，因此屬於較不普遍的金
魚，只有專門店等才有販售。

一般而言，和其他品種一樣，許多人還是喜愛像這般擁有美麗的更紗花紋的類型。

「南京」的原始產地是日本島根縣，這是被愛好家用心保留下來的原始品種。

體色呈現獨特典雅茶色的「茶金」，是代表中國的金魚品種之一。

茶金

- 全長 ⋯⋯⋯⋯⋯⋯**約25cm**
- 體色、花紋 ⋯⋯⋯茶色
- 尾鰭 ⋯⋯⋯⋯⋯⋯三片尾、四片尾、櫻尾
- 飼養難易度 ⋯⋯⋯非常簡單

荷蘭型品種之一，和青文魚（p.46）等同時期從中國引進日本。茶金的魅力在於獨特的典雅色調。由於系統不同，分為亮體色和暗體色兩種。由於過去的金魚從未出現這般體色，因此，被認識的茶色金魚大概只限於荷蘭型的茶金罷了。其實在原產地的中國，還有水泡眼、頂天眼、珍珠鱗、蝶尾等多種類型的茶色金魚品種。

英語稱為「Chocolate Olanda」的茶金，體型和荷蘭獅子頭相同。

仔細觀察即會發現，同樣是「茶金」，體色卻有明色、暗色之分。

體色是黑色帶青的青文魚，是從中國引進的品種。

青文魚

■全長 ⋯⋯⋯⋯⋯⋯約25cm
■體色、花紋 ⋯⋯⋯青黑色、羽衣
■尾鰭 ⋯⋯⋯⋯⋯⋯三片尾、四片尾、櫻尾
■飼養難易度 ⋯⋯⋯簡單

青文魚是和其他品種一起從中國引進的。過去把體色較黯沈的稱為「藍文魚」，較明亮的稱為「青文魚」做區別。可是，最近已不再區分，普遍稱呼「青文」或「青文魚」。近日還由中國進口許多頭部肉瘤非常發達的青文魚，稱為「高頭青文」。也有褪色變白，只有鰭前端局部保存顏色的青文魚，稱為「羽衣」。

青文魚褪色變成黑、白混色的品種，稱為「羽衣」。

色調有些改變的青文魚親魚。這是整體相當完美的大型個體。

表情相當獨特的凸目丹頂。是從中國進口的品種之一。

丹頂

- 全長 ……………… 約**25cm**
- 體色、花紋 ……… 丹頂
- 尾鰭 ……………… 三片尾、四片尾、櫻尾
- 飼養難易度 ……… 簡單

除了頭部頂端是紅色外，其餘部位都是白色的丹頂，是日本人最喜愛的荷蘭型金魚配色。原本這種金魚也是從中國進口的，但目前日本流通的丹頂，卻多半在日本國內繁殖育成的。雖然較常見的是荷蘭型的丹頂，但其他還有無背鰭、稱為「鵝頭紅」的品種。同時最近也可發現像凸目金（p.66）般眼睛凸出的「凸目丹頂」。

肉瘤相當發達的中國丹頂類型。這是在日本國內繁殖育成的個體。

在日本國內生產的丹頂中，品質最高的丹頂親魚。

經常望著天空的頂天眼，其實在孵化期間，眼睛還處於正常狀態。

頂天眼

全長 ⋯⋯⋯⋯⋯約**20cm**
體色、花紋 ⋯⋯⋯素紅、更紗（紅白混色）
尾鰭 ⋯⋯⋯⋯⋯三片尾、四片尾、櫻尾
飼養難易度 ⋯⋯⋯簡單

頂天眼的兩眼朝上，外觀讓人印象深刻。目前在日本流通的頂
天眼，多半是日本國內養漁場繁殖育成的。原始的頂天眼是清
朝時代（1616～1921）中期，因為宮廷魚缽中飼養的金魚，
發生突變而流傳下來的。

更紗的頂天眼相當珍貴，品評會中也會出現這麼美的個體參展。

頂天眼的體型比鱗鱗細長許多。

褪色較慢，仍保留許多黑色部分的水泡眼二歲魚。

水泡眼

■ 全長	約18cm
體色、花紋	素紅、更紗（紅白混色）、黑、花斑
■ 尾鰭	三片尾、四片尾、櫻尾
飼養難易度	簡單

「水泡眼」是眼睛下方垂掛著大袋子一般，游水姿態相當幽默的金魚。袋中充滿體液，受傷時會破裂。而且這個袋子還會隨著成長越來越大。「水泡眼」是在1950年和其他的中國的金魚一起引進日本的。在日本最常見的水泡眼是紅色身體，可是中國還有黑色、花斑等豐富體色的水泡眼。

水泡被認為越大越漂亮，可是過大時，游水相當不方便。

水泡眼的水泡雖然搖搖晃晃，但裡面充滿體液。

人氣相當高的乒乓珍珠鱗，是珍珠鱗的代表性品種。

珍珠鱗

- 全長 ……………約**18cm**
- 體色、花紋 ………素紅、更紗（紅白混色）、花斑
- 尾鰭 ……………三片尾、四片尾、櫻尾
- 飼養難易度………非常困難

由於鱗片凸出猶如珍珠，故美稱為珍珠鱗。原本是在中國飼養
的金魚。過去雖沿用中國品種名的「珍珠鱗」來稱呼，可是最
近幾乎不再使用這個中文讀音，而以「pearl scale」來稱呼。
另外，從東南亞各國也進口許多稱為「乒乓珍珠鱗」的圓體小
魚種，人氣也不錯。

這是過去以來就常見的長鰭類型珍珠鱗。這個個體是中國產。

經由日本國內愛好家精心育成的紅眼珍珠鱗。

相當雍容華貴的親魚。避免一排排漂亮的鱗片脫落，需要細心呵護。

高頭珍珠鱗

全長 ……………………約**18cm**
體色、花紋 ………素紅、更紗（紅白混色）、茶、黑、花斑
尾鰭 …………………三片尾、四片尾、櫻尾
飼 養 難易度………有些困難

以荷蘭獅子頭（p.22）的體型加上珍珠鱗特徵的品種。這種金
魚也是在中國改良而成的，而非日本獨自育成的品種。目前在
流通的高頭珍珠鱗，都是從中國以及其他國家進口，國內幾乎
不生產。基本上除了鰭較長、體色紅色外，還有類似黑凸目金
般的黑色或茶色等多種顏色的高頭珍珠鱗。

每年都有進口，但數量相當稀少的茶色高頭珍珠鱗。

這種漆黑色彩的高頭珍珠鱗是中國產。圖片上的個體是「凸目種」，但也有「普通目」的品種。

日本產的更紗蝶尾親魚。這種品種適合從上俯視觀賞。

蝶尾

全長 ················ 約**20cm**
體色、花紋 ········ 素紅、更紗（紅白混色）、黑、花斑
尾鰭 ················ 蝶尾
飼養難易度 ········ 簡單

這種金魚的特徵，顧名思義就是俯視時，會發現尾鰭好像蝴蝶張開翅膀一般漂亮。最近除了中國產外，也有許多日本生產的蝶魚。這種金魚的體型被認為比琉金（p.6）還長，同時據說體型要接近土佐金（p.40），才稱得上是整體均勻度良好的品種。

從上俯視觀賞的蝶魚。像蝴蝶張開翅膀般的尾鰭是其重要特徵。

像這般紅、黑配色的蝶魚,被稱為「貓熊」

中國產的花班蝶魚。中國還生產其他體色的蝶魚品種。

雖然數量不多,但每年都有從中國進口的茶色蝶魚。

從中國進口的白變種蝶魚。長長的尾鰭相當漂亮。

雖還是幼魚，但紅色部分就分佈地相當勻稱，充分表現更紗特徵的中國進口種蝶魚。

沒有背鰭的「鱗鱗型花房」。這個個體是在日本育成的。

花房

全長	約18cm
體色、花紋	素紅、更紗（紅白混色）、茶、花斑
尾鰭	三片尾、四片尾、櫻尾
飼養難易度	簡單

鼻子部分發達成房狀的金魚，較知名的有荷蘭型和鱗鱗型（沒有背鰭）兩種類。都是從中國進口，在日本繁殖育成，而非日本自己培育出來的品種。可是據說在1897年以前，日本也有所謂「伊勢花房」的荷蘭型品種。從中國進口的「花房」，鼻房多半特別發達，可是鼻子過大時，會變的不雅觀。

只有房部是紅色的「茶金花房」。雖然是荷蘭型，可是肉瘤幾乎不發達。

有背鰭的「荷蘭型花房」。這類型也是從中國進口的。

躍動感十足的三歲彗星。雖然是很單純的品種，可是一直保持著穩定的人氣。

彗星

- 全長 …………… **20～30cm**
- 體色、花紋 ……素紅、更紗（紅白混色）
- 尾鰭 …………… 燕尾
- 飼養 難易度………非常簡單

彗星擁有比鯽尾還長，稱為「燕尾」的尾鰭。屬於從美國進口的「和金型」品種。據說是日本引進美國的琉金（p.6），然後和鯽魚交雜而成的。紅白混色的更紗是該品種的標準體色，至於全身呈現紅色或白色的單一色彩時，幾乎不被流通當觀賞用。

擁有如錦鯉般色彩的彗星親魚。

適合在水槽觀賞的配色彗星。長長的尾鰭相當優美。

擁有美麗長尾鰭的更紗凸目金。像這麼優美的更紗花紋相當罕見。

凸目金

▌全長 ……………15〜20cm
▌體色、花紋 ………素紅、更紗（紅白混色）、黑、花斑
▌尾鰭 ………………鯽尾、三片尾、四片尾、櫻尾
▌飼養難易度………簡單

一般金魚的體色是以紅色為基調，可是「凸目金」卻以全身黑色的「黑凸目金」產量最大。同時，像花斑琉金（p.10）或東錦（p.26）等所呈現的獨特花斑，其實全都是和「花斑凸目金」交雜育成的。在中國，眼睛凸出的金魚還有荷蘭獅子頭（p.22）和珍珠鱗（p.54）等。

尾鰭前端有些透明外，其他全身漆黑的「黑凸目金」。

花斑黑凸目金的幼魚。像這般明亮的色彩是其最大魅力所在。

從進口當時到現在一直保持極高的人氣。是中國培育的品種。

貓熊

■ 全長	…………………	15～20cm
■ 體色、花紋	………	羽衣
■ 尾鰭	…………………	蝶尾
■ 飼養難易度	………	簡單

由於其黑、白的獨特配色，總讓人聯想到貓熊，因此以「貓熊」
為品種名。這種金魚的故鄉在中國，1980年代後期正式引
進。從進口當時到目前一直廣受喜愛，現在每年仍從中國大量
進口。「貓熊」除了配色外，其體型或尾鰭的形狀等，都和蝶
魚（p.58）完全相同。雖然其他品種也有類似這樣的配色，不
過最受歡迎的還是這種蝶魚型的貓熊。

黑色部分稍多，育有獨特風格的貓熊。這個個體曾在品評會中參展。

具有貓熊配色的中國產「貓熊」2尾。現在，「貓熊」在日本也有生產。

除了黑、白配色外，其他完全和蝶魚相同。尾鰭的形狀也和蝴蝶翅膀一般。

市面上流通量不多，故很難見到的「茶貓熊」。

第2章
有關金魚的一切

從鮮豔的花紋、美麗的魚鰭等各種觀賞金魚的重點
到許多稀奇古怪的習性等有關金魚的一切
都將在此一一揭露。

金魚的歷史

是歷史非常悠久觀賞魚

金魚在約500年前才從中國傳入日本。最初形態是一種和其祖先鯽魚非常相似的金魚,是經過相當長時間的改良,才變成目前這種美麗的姿容。

金魚的系統圖 金魚源於鯽魚,由於發生突變,之後又反覆雜交,才誕生這些色鮮又美麗的品種。

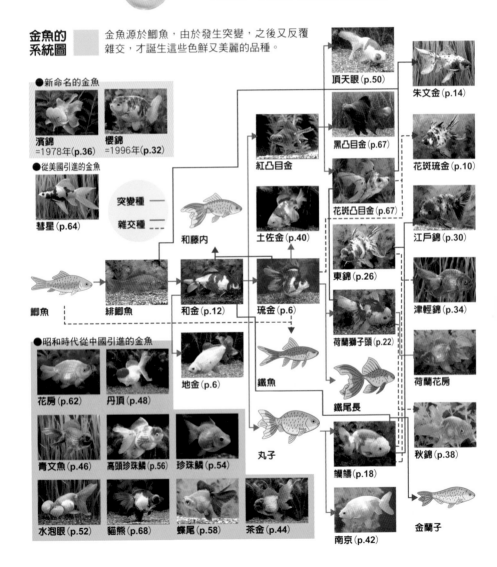

●新命名的金魚

濱錦 =1978年(p.36)
櫻錦 =1996年(p.32)

●從美國引進的金魚

彗星(p.64)

突變種 ——
雜交種 - - -

●昭和時代從中國引進的金魚

花房(p.62)
丹頂(p.48)
青文魚(p.46)
高頭珍珠鱗(p.56)
珍珠鱗(p.54)
水泡眼(p.52)
貓熊(p.68)
蝶尾(p.58)
茶金(p.44)

鯽魚
緋鯽魚
和金(p.12)
地金(p.6)
和藤內
琉金(p.6)
鐵魚
丸子
鐵尾長
紅凸目金
土佐金(p.40)
花斑凸目金(p.67)
東錦(p.26)
荷蘭獅子頭(p.22)
鱲鱵(p.18)
南京(p.42)
頂天眼(p.50)
黑凸目金(p.67)
朱文金(p.14)
花斑琉金(p.10)
江戶錦(p.30)
津輕錦(p.34)
荷蘭花房
秋錦(p.38)
金蘭子

金魚是何時出現的呢？

據說金魚的祖先就是於1700多年前，在中國南部發現的變色鯽魚。這種鯽魚稱為亞洲鯽魚，但並不棲息在日本。所以金魚的學名和這種亞洲鯽魚的學名相同。

變色的野生鯽魚據推測是一種稱為「緋鯽」的紅體色鯽魚。但或許並非真的是紅色，可能是帶有光澤的黃色，亦即所謂的金色。

最初只是單純的把這種變色的鯽魚抓回家，放在池子裡飼養罷了，後來才逐漸變成人工繁殖。金魚既然是鯽魚的改良品種，當然金魚的歷史也是從人類懂得人工繁殖的約900年前才開始計算起的。

緋鯽開始以人工繁殖後，才陸續發現有些魚鰭的形態和一般的緋鯽不同，甚至還發現有凸眼的個體等。從此，中國人對繁殖不同形狀的稀奇緋鯽逐漸開始倍感興趣。

就這樣掀起飼養金魚的熱潮。當然目前最盛行的地方是中國和日本。不過，由於最近東南亞各國的金魚養殖業也逐漸蓬勃。無論是以觀賞為目的，或以改良品種為目的，金魚都稱得上是歷史最悠久的魚類了。

日本在500年前才有金魚

金魚首次從中國引進日本，據說是在約500年前。當時的金魚，形狀大致類似緋鯽或和金罷了。當然當時尚無所謂金魚飼養技術，不過100年後，日本終於自行培育出第一次的改良品種，稱為「地金」。

之後，到了江戶時代的後半，隨著金魚飼養的盛行，品種的數量也逐日增加。當時的品種幾乎都是利用中國進口的金魚在日本國內繁殖而成的。包括現在被認為是日本固有品種的金魚，也幾乎是當時進口金魚的改良種。

金魚誕生的場所

金魚是從哪裡來的呢？

我們日常中看見的金魚，都是從哪裡培育出來的呢？現在，我們就來探討金魚的誕生場所到底在哪裡呢？

金魚是在外國誕生的嗎？

在日本流通的金魚多半是在日本國內的養漁場生產的。日本主要的金魚產地包括奈良縣的大和郡山市、愛知縣的彌富町、東京都的江戶川區，以及埼玉縣的加須市等。

由於熱帶魚多半從東南亞各國進口，

因此認為日本的金魚是海外進口的人也不少。的確，部分的金魚品種和熱帶魚一樣是從東南亞等國進口的。不過，也從中國引進許許多多的品種。

但是目前在日本流通的金魚，多半是日本自行生產的。金魚和農作物一樣，會在市場競標出售，再經由批發商流通到全國零售店販賣。只是各地區的部分飼養品種，並不採用這樣的行銷方式，導致一般人也不易看到。

■金魚的產地

奈良縣·大和郡山市

埼玉縣·加須市

東京都·江戶川區

愛知縣·彌富町

日本最大的金魚生產地 — 彌富町

　　愛知縣的彌富町是日本金魚產量最大的地區。該地的生產量約佔全國的一半以上，可說是代表日本的金魚產地。

　　彌富町的金魚歷史可追溯到江戶時代。據說當時從奈良大和郡山運送金魚來此為契機，才啟動彌富町的金魚養殖業。

　　目前在市面流通的各種品種，在彌富町幾乎都有生產。批發商從此地每週舉辦的競標市場標購金魚之後，再運送到全國各零售商販售。

　　在日本看到的金魚為何整

年都是一樣大小呢？這是因為進行過調節金魚成長速度的特殊管理所致。通常，健康的金魚經過飼養是會逐漸長大的。但在必要時機提供必要尺寸的金魚時，就會採行調節成長速度的管理。這種飼養管理是日本獨創的，在中國、東南亞等地區並不存在。

　　而且，日本有明訂的篩選基準，不合規定的金魚通常不會出現在販售通路上。彌富町也一樣採取這種嚴格的篩選制度，因此每年生產大量高品質的金魚。

金魚的習性

十分溫馴，任何人都能輕鬆飼養

金魚的體型從類似鯽魚到近乎圓球狀等，有各式各樣的品種。因此需要配合這些特徵加以管理，金魚才能悠遊自在地過生活。

金魚的食性

金魚的祖先-野生鯽魚除了吃水藻、線蚯蚓、紅虫等小生物外，也吃蘚苔、植物性浮游生物等來生存。

由於如此，金魚也喜歡這類食物，只是稚魚時期是喜歡動物性，直到長大後才改吃植物性食物。

由於金魚的下顎沒有牙齒，因此金魚在吃飼料的時候，可以看到喉嚨內部在咀嚼食物的樣子，其實這是喉嚨內部稱為咽頭齒的器官，正在進行嚼碎食物的動作。

同時，金魚也沒有胃，故也沒有所謂的反芻能力。雖然不致於像小鳥（文鳥、阿蘇兒等）那般，不進食就有迅速死亡的危機，可是由於吃下的飼料會很快消化、排泄出來，因此也會一直處於飢餓的狀態。

金魚除了在剛出生不久的稚魚時期外，是不會發生自相殘食的情形。雖然偶而會出現啄一啄或追逐其他金魚的動作，不過這多半是產卵的舉動，而非殘殺的行為。

■金魚經常處於飢餓狀態

啄～啄！

這是產卵的舉動

■金魚喜歡的環境

約20℃最舒服

需要充足的新鮮氧氣

搖搖
晃晃

水流太強時
重心會無法平衡‧‧‧‧‧‧

金魚的生活環境

對金魚而言，生活最舒適的水溫約20度左右。可是從2℃到35℃的水溫，金魚都能生存。但金魚喜歡在20℃左右的水溫產卵繁殖，可見這個水溫，是金魚認為最適合傳宗接代的理想水溫。

金魚主要是靠魚鰓來吸收溶解在水中的氧氣。和自然河川的環境不同，飼養在水槽等環境時，往往因為飼養太多的金魚而導致氧氣不足。也就是說，最好儘量減少金魚數目，才能保有氧氣充足的飼養水，金魚也才能舒適過生活。至於溶解在水中的氧氣量，會隨著溫度改變。

飼養金魚時，無須像熱帶魚一般重視水質，只要大約維持中性（pH7.0）左右程度。只要不極端偏酸性或偏鹼性，就無大礙。

而且，金魚不喜歡水流。尤其是體型越圓的金魚，越不擅長游水。因此，要盡量設法不引發水流，讓金魚不要承受壓力。

金魚的體型

變化豐富為其最大魅力

金魚依據體型、尾鰭的長短區分為許多品種。另外，又依據眼睛、頭部的特徵，再細分品種。在此，我們就來探討金魚的形狀到底有多少種？

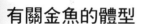

有關金魚的體型

　　金魚的體型分為接近金魚祖先鯽魚的「和金型」、身體短小渾圓的「琉金型」、介於上兩者之間的「荷蘭型」，以及缺乏背鰭體型趨圓的「鰛鱅型」共四種類。

　　最能表現金魚特徵的尾鰭，也分為好幾種類。除了鯽尾、燕尾外的尾鰭通稱為「開尾」。因為從上往下觀賞時，尾鰭呈現展開狀，才如此取命。

　　金魚即使是同一品種，體型也不會完全相同。例如「琉金」品種，也會出現不像琉金那般長體型的個體。這種狀況也會呈現在金魚的體色、肉瘤形狀、凸眼方式等。

　　將這些具有局部特徵或特有體色的各種金魚加以組合改良，才繁衍出目前這麼豐富的金魚品種。

金魚的身體和稱呼　金魚依據品種，不僅身體形狀，連頭部、臉形、鰭形也各不相同。但各部位名稱卻是一致的。

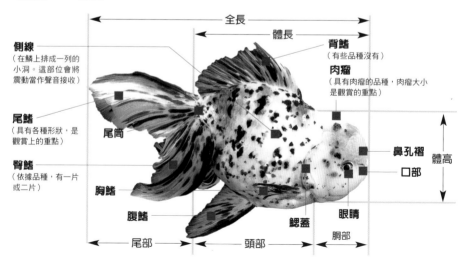

全長

體長

側線
（在鱗上排成一列的小洞。這部位會將震動當作聲音接收）

背鰭
（有些品種沒有）

肉瘤
（具有肉瘤的品種，肉瘤大小是觀賞的重點）

尾鰭
（具有各種形狀，是觀賞上的重點）

尾筒

鼻孔褶

口部

體高

臀鰭
（依據品種，有一片或二片）

胸鰭

腹鰭

鰓蓋

眼睛

尾部

頭部

胴部

尾鰭的種類

鯽尾

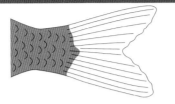

尾鰭形狀和金魚祖先的鯽魚尾鰭相同。有時稱為二片尾。

燕尾

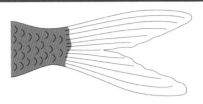

鯽尾的長度拉長,相當於熱帶魚的「long fin」

三片尾

開尾的一種。尾鰭的中心部是完全接合一起的狀態。

櫻花尾

接近三片尾的形狀,但中心部的前端稍微分裂。

四片尾

尾鰭的中心部分成兩半的狀態。尾鰭長的品種特別受喜好。

孔雀尾

這是「地金」才有的特殊尾鰭,張開時像四片尾般的形狀。

翻翹尾

只有「土佐金」才看得見的尾鰭。雖然外型優雅,可是游水較緩慢。

蝶尾

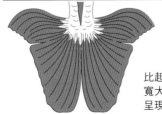

比起一般的尾鰭寬大,尾鰭前端呈現圓弧狀。

頭形的種類

金魚的頭部形狀有許多種類。像「和金」一般頭部沒有特別特徵的稱為普通型。像荷蘭獅子頭或鱗鰭等頭部有肉瘤的金魚則稱為獅子頭型。

另外也有頭形並不特殊，但眼睛部分卻長的十分有趣的凸目金。或眼睛朝上的頂天眼，還有眼睛下方垂掛袋子的水泡眼等等品種。此外，還有一種鼻部發達肥大如房狀，被稱為「花房」的品種也相當聞名。

普通型

指稱像和金或彗星一般頭部不長肉瘤的類型。其頭部比獅子頭型小，兩眼距離也較窄。雖然有些頭部不長肉瘤的品種，在長大後也會出現些微肉瘤，不過和獅子頭型的情況不同，基本上普通型還是以無肉瘤的品種較受青睞。仔細觀察，會發現有的尖臉，有的圓臉，長相還各有千秋呢！

獅子頭型

長肉瘤的類型，其基本頭形就和普通型不同。兩眼距離比普通型寬，對照本身體型，頭部顯得偏大。而且，長肉瘤的部位和長法各式各樣。在中國的分類比日本更細，有時乍看之下一模一樣的金魚，品種名卻不同。目前日本也有許多長肉瘤的金魚品種。

凸目

凸眼金魚中大家最熟悉的莫過於凸目金了。凸目金的頭形雖是普通型，可是雙眼外凸。至於獅子頭型的金魚也有凸目種。眼睛凸出的形態也有所差異，有的不太外凸，有的卻大大凸出。其實凸目金在剛出生期間，和一般的眼睛並無兩樣，之後隨著成長才凸目。其他的水泡眼或頂天眼也是如此。

鼻房

鼻子發達如房狀為特徵。另外,有的房狀看起來像花一般,故稱為「花房」。並非特別育成,但頭部長肉瘤的品種中,卻常見有鼻房的金魚。另外像「南京」般擁有普通型頭部的金魚,也有長出漂亮花房的種類。日本也曾從中國引進過有花房的頂天眼等等眾多的有花房的品種。

魚鱗的種類

金魚的魚鱗大致分為普通鱗和透明鱗。魚鱗對金魚的色彩有極大影響,是觀賞上的重要部分。

普通鱗是指魚鱗本身分別為紅色、白色等顏色,還會散放金屬光澤。魚鱗是紅色時會散發紅光,白色時會散發銀色光。這都是因為魚鱗內側具有稱為虹色素細胞的色素。

透明鱗顧名思義就是透明狀的魚鱗。另有以碗形承現圓弧狀,看起來像真株的珍珠鱗。

普通鱗・透明鱗

其實普通鱗或透明鱗的形狀是一樣的。若以普通形狀的魚鱗來定義,兩者都可稱為普通鱗。但為了方便解釋透明鱗時才略作區分。此外,像在介紹如下一項珍珠鱗般的特殊魚鱗時,則要把兩者合稱為普通鱗才容易做區別。

珍珠鱗

珍珠鱗是指從中國進口稱為「珍珠鱗」的金魚品種上所擁有的特殊形魚鱗。珍珠鱗顧名思義就是身上好像貼滿珍珠一般魚鱗。這種魚鱗堅硬隆起,完全和普通鱗或透明鱗不同。過去認為透明鱗較容易出現珍珠鱗的特徵,其實普通鱗也有不錯的珍珠鱗類型。

區分四種類的金魚體型

本書把金魚體型區分為和金型、琉金型、荷蘭型、鯽鱗壽型四種類。不過也有區分為和金型、琉金型、鯽鱗壽型三種類的分類法。

區分成三種類時，荷蘭型被包含在琉金型中，但本書則另外提出分類。因為若把荷蘭獅子頭歸納在琉金型時，可能會產生荷蘭獅子頭的體型要和琉金一般圓體才算是一般體型的質疑。另一個理由是長像琉金一般體型短圓的金魚中，被稱為荷蘭型金魚的品種反而數量較多。因此決定區隔成四種。

另外鯽鱗壽型也可細分更多的種類，可是由於品種數不多，故本書將其歸納為一種類。

和金型品種

由於和金型金魚的特徵類似鯽魚的體型，因此擅長游水，飼養上也容易。在日本、中國之外，也有許多人飼養這種金魚，尤其是歐洲人更是喜愛和金型的金魚。在日本或許鮮有人知，但英國卻有熱心飼養者成立的愛好者協會。

在國內最受大眾喜愛的是素雅美麗的三片尾更紗和金。另外，彗星或朱文金則是量販店最暢銷、大家最熟悉的和金型品種。

這種兼具容易飼養又漂亮的和金型金魚，正是初學者最適合飼養的種類。可是，和金型中的地金卻體質較弱，除此之外，幾乎所有品種都容易飼養。

和金

體型幾乎都一致，可是魚鰭卻分為鯽尾以及三片尾、四片尾等開尾種類。同為和金，不過生產管理上，鯽尾的和金和開尾的和金是要分開的。撈金魚用或當熱帶魚飼料用的紅和金，多半屬於鯽尾。而擁有紅白美麗更紗花紋，被改良成適合觀賞的和金，則以開尾為標準的尾鰭。

朱文金

這是明治時代，使用花斑凸目金和緋鯽交雜育成的品種。尾鰭是鯽尾加長成為所謂的「燕尾」才算標準，不過也看得見普通鯽尾的朱文金。由於體型和長鯽尾的鐵魚、彗星同型，因此游水相當活潑。也有如凸目金般眼睛凸出的朱文金，被稱為「柳凸目金」。

彗星

以尾鰭的長度來和和金區別。該品種是美國人將進口到日本的琉金和鯽魚交雜育出的品種。紅白更紗是彗星的表准體色，若全身只是單一的紅色或白色，就不配以觀賞用流通。

地金

又稱為六鱗。據說400多年前就已育出地金的基礎金魚。這也可能是日本產改良品種的第一名。以愛知縣為中心，熱心愛好者每年舉辦品評會。該品種的體型雖屬於和金型，但游水能力卻不及和金、彗星。聽說過去有些地區會出現大型的地金，可是現在已經看不到。

金魚因為有了琉金型特徵，亦即稱為「身體縮短」的形質後才演變出眾多品種。結果原本是鯽尾的金魚竟衍生開尾的品種，這在金魚歷史上的大事之一。而且這種「身體縮短」的金魚出現也成為毫不遜於開尾出現的另一大事件。最近從東南亞引進的熱帶魚中，也出現許多身體縮短的品種，可見金魚是這些改良品種魚類的大前輩。

琉金等體型圓渾的金魚，雖然深受包含日本人的亞洲人士青睞，可是在民情不同的歐美人眼中，卻只是一種奇妙的魚類罷了。所以出口到美國的日本琉金，會被改良成彗星反進口到日本，就是這種原因。

琉金

最普遍又最有人氣的品種。據說因在200多年前，從中國經由琉球輸入日本，故才取名為「琉金」。圓渾體型加上修長尾鰭的琉金姿態，被視為最具有金魚本色的金魚，也常被畫在插圖上。關東地區的金魚養魚場，每年都會生產許多高品質的琉金。

蝶尾

乍看之下類似普通凸目金品種的蝶尾品種，其最大特徵是尾鰭從上俯視時，好像張開翅膀的蝴蝶一般。於1980年從中國引進，但現在日本已有自己生產的品種了。體色分為紅色、花斑、茶色、黑色等。人氣高的貓熊也是蝶尾品種之一，而且從中國進口的貓熊中，還能發現許多大小尺寸。

荷蘭型的品種

荷蘭型是介於和金型和琉金型中間的體型。而且基本上幾乎都是以荷蘭獅子頭為代表的長肉瘤類型,只是也有不長肉瘤,但屬於荷蘭型的品種。

一般所見的金魚,由於兄弟姊妹個體不同,體型也各有千秋,故有時會看見不像琉金的長體型金魚。

另以飼養難易度而言,長體的和金比圓體的和金容易飼養。而同屬荷蘭型的金魚,則不長肉瘤的品種比圓體又頭部長肉瘤的品種更長壽。。圓體的金魚在幼魚時期相當可愛,不過長大後,由於較圓容易翻滾而不擅長游水。

圓體荷蘭獅子頭

販賣店等最容易看見的種類。原本荷蘭獅子頭的體型並非如此圓渾,經過慢慢改良才變成這般受人愛好的圓體金魚。據說該品種是在200年前從中國引進日本的。品種名中雖有「荷蘭」,但並非從歐洲國家的「荷蘭」進口的。

凸長體荷蘭獅子頭

該品種是體型較長的系統,和所謂的圓體荷蘭獅子頭不同,故稱為長體荷蘭獅子頭。圓體荷蘭獅子頭多半是專業者才飼養。而長體荷蘭獅子頭則由各地方的愛好者育成。雖然外觀給人不同品種的印象,可是卻各具獨特魅力。

東錦

這是荷蘭獅子頭加上花斑凸目金體色的品種。體型和荷蘭獅子頭相同,仍可區分為圓體系統和長體系統。該品種是日本育成的,但中國也有其獨自的系統。由關東地區愛好者所育成的日本主要系統,雖然頭部多半不長肉瘤。可是從中國進口的東錦,卻以肉瘤發達的居多。

青文魚

1950年代從中國引進的品種之一。該品種的特徵適期黑色帶青的體色。許多中國產的金魚都擁有這種體色,然而日本人卻不太喜愛這種體色的品種。另外,若因褪色而變成黑白色的體色時,則稱為「羽衣」。「貓熊」的色彩結構就類似「羽衣」。

茶金

茶金也是從中國引進的品種。目前為止,日本產的金魚中還沒有這種體色。而且茶色金魚的品種數也有限。不過,茶金和青文魚一樣,在中國卻有各種茶色的品種。現在日本生產的茶金,分為長肉瘤的荷蘭種,和體型接近不長肉瘤的琉球種。但這兩者都以色調較明亮的較受喜愛。

丹頂

只有頭部頂端視紅色，其餘部位都是白色的荷蘭型品種。該品種過去雖從中國引進，但現在日本國內流通的品種幾乎是日本自己生產育成的。另外還有缺乏背鰭，稱為「鵝頭紅」的品種，只是流通量不多。比起最近進口的其他品種，中國產的丹頂，頭部肉瘤大至較大較美觀。

花房

荷蘭型的花房，據說過去在日本三重縣曾經育成過。但目前所見的多半是從中國進口，或是日本國內繁殖的進口品種。花房的特徵就是鼻房。鼻房會隨者成長變大，但發育過大時，每次呼吸鼻房都會吸入口部。飼養上無特別困難，但要避免傷害到鼻房為要。

濱錦

擁有珍珠鱗的荷蘭型品種。該品種的原始金魚是從中國進口的。頭上有水泡狀的瘤，和荷蘭獅子頭等的肉瘤不同，表面相當光滑又圓又大。擁有珍珠鱗的日本產品種只有濱錦一種，但中國擁有珍珠鱗的品種卻不少。藉由濱錦繁殖但沒有珍珠鱗的個體，其形狀和荷蘭獅子頭很相似。

最大的特徵是沒有背鰭。比起有背鰭的品種，游水能力較差。而且品種不同，體長也有差異，不過，高人氣的鱗鱗是圓渾體型的品種。

在日本開始進口金魚的1502年以前，中國早已存在沒有背鰭的金魚。所以目前的鱗鱗祖先，據說也是從中國進口的金魚。當時，沒有背鰭的金魚種類繁多，日本人統稱為「丸子」。現在仍習慣把沒有背鰭的鱗鱗也稱為「丸子」，可見當時的鱗鱗應屬於沒有背鰭的金魚。鱗鱗品種名的由來還有一說法，那就是沿用中文的發音而來。

鱗鱗

和荷蘭獅子頭並列，都是以頭部有肉瘤聞名的金魚代表品種。由於價格昂貴，因此即使對金魚不感興趣的人，也都會認識鱗鱗。曾有一段時間，大家都認為沒有背鰭的金魚就是鱗鱗，但現在提及鱗鱗，已能明確指稱是頭部長肉瘤、沒有背鰭的圓體金魚。

江戶錦

「江戶錦」是把「鱗鱗」加入「東錦」色彩為目標育出的品種。體型雖和鱗鱗相同，但卻罕見理想體型的江戶錦。櫻錦是為了去除江戶錦身上的黑色，只保留淡黃色部分，因此由一般的鱗鱗和江戶錦交配而成。鰭加長的江戶錦稱為「京錦」，而一樣鰭加長的櫻錦，則稱為「京櫻」。

南京

這是島根縣自古就有飼養的沒有背鰭金魚。品種名的由來眾說紛紜,至今仍不明確。該品種普遍都是頭部不長肉瘤,而且和其他金魚的飼養狀況不同,只有體色全白、體型優美的才受青睞。相反的,紅色種類就較不被飼養。也非一般性的品種,屬於適合金魚愛好家飼養的品種。

頂天眼

是沒有背鰭的品種中,體型最長的種類。該品種的特徵當然在其眼睛形狀。是中國古時即有飼養的宮廷金魚之一。日本在明治時代才開始進口。現在看到的頂天眼,都是以昭和時代引進的金魚為基礎繁殖而成的。雖據說是由凸目金改良的品種,但除了眼睛外,並無其他共同部位。

水泡眼

該品種也是來自中國的品種,乍看之下和頂天眼相似,可是水泡眼顧名思義,就是眼睛下方垂著充滿液體的袋子,成為最大的區別。水泡變大時,游水能力會減弱。水袋破裂可以再生,但左右大小不一時,觀賞魚的價值也下降。和其他金魚相同,體型嬌小的人氣較高。

金魚的花紋

金魚的花紋，最普通的是稱為「更紗」的紅、白混色花紋。這種更紗花紋由於發色部位不同，稱呼也各異。除了部分品種外，多半無法靠人工製作花紋，但也有如丹頂等一般，靠人工培育成遺傳上容易在頭部等特定場所呈現紅色的品種。

更紗花紋的金魚，並非一開始就有漂亮的花紋。其實除了更紗的金魚外，多半的金魚從卵子孵化後的依段時間內，都和鯽魚一般是黑色的。經過數月後，黑色才褪去變成紅色或白色的金魚。這種金魚的體色改變過程稱為「變色」。不過花斑等擁有透明鱗體色的金魚或茶金等金魚，是不會出現這種現象的。

更紗花紋的金魚，有些在成長過程其紅色會褪去變成白色的金魚；有些則在白色的腹部或鰭的前端出現紅色。

同時，這類金魚的花紋也會因飼養環境等的影響而產生變化。

例如，一樣在室內飼養，但由於給予的飼料量或成分不同，體色會有差異。可見金魚的紅色基礎成分，並非從金魚體內自行製作的。

更紗

紅色和白色的花紋稱為「更紗」。但並非所有孵化的金魚都有更紗花紋，而是業者把更紗花紋的金魚集中販賣。而且，每尾的更紗花紋發色方式各不相同，通常紅色面積較大的較受歡迎。像彗星般體型較單純的品種，通常以更紗花紋當作其標準色彩。

代表性的金魚花紋

◎素紅

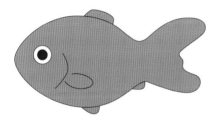

◎背紅

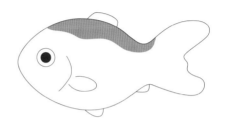

◎紅更紗

◎丹頂

◎白更紗

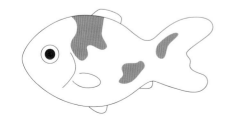

◎六鱗

91

紅・更紗・白的體色

金魚最常見的體色之一。過去出現過的黃色
體色的金魚，現今幾乎無法再見到。從國外
引進日本的白變種凸目金品種，就是全身黃
色，可是相當罕見。最近任何品種，一般能
見到的是更紗金魚，但過去，除了部分品種
外，幾乎任何品種都有全身發紅的系統。

花斑(calico)的體色

花斑體色的金魚，魚鱗多半是透明鱗或局部
閃著光澤的普通鱗。花斑上的青色或黑色都
是黑色素的表現，故依其色素的位置所呈現
的色彩花紋各不同。這種和普通鱗完全不同
的發色方式，是花斑體色最大的特徵。若把
花斑體色上的黑色表現去除，即變成櫻錦等
的體色。

黑色的體色

呈現像黑凸目金般的深濃漆黑體色。有時鯽
魚色的金魚也稱為黑色，但比起黑凸目金的
黑色，顯然不同。中國的金魚除了凸目金
外，許多其他品種也有漆黑體色的種類。但
是日本進口的漆黑品種，多半不久後即會褪
色。唯獨日本產的黑凸目金沒有褪色顧慮。

青的體色

自從從中國引進青文魚後,這種體色才被介紹。獨特的黑色帶青體色,是由於紅色、黃色色素稀少所致。若缺乏黑色素來發出黑色,即會變成白色金魚。像「貓熊」雖和這種「青文魚」體色相同,可是黑色褪去過程才出現黑、白的美麗體色。如此般的配色備受矚目,只是常發生黑色全部褪光的情況。

茶的體色

和青文魚一樣,從中國引進茶金後才開始被介紹的體色。日本的金魚從來沒有這種典雅體色,故日本也全然無法培育這種體色的品種。但中國,卻擁有許多茶色體色的品種,例如蝶尾、花房、頂天眼、珍珠鱗等。最近日本還進口採用茶色取代貓熊的黑色部分,稱為「茶貓熊」的品種。

有關金魚的品種改良

　雖然統稱為金魚的改良品種,可是有的是改變體色,有的是改變體型,有的是兩者同時改變。無論如何,最初都是和不同品種交雜,脫離原品種的基準形態,孵育出許多另類形態的金魚。之後,再從這些另類形態的金魚中篩選出理想形態的金魚,反覆進行好幾次的交雜後,才誕生新的品種。

　最近的金魚品種數越來越豐富,因此今後要誕生新品種就無須耗費數十年功夫了。例如最近育成的花斑體色荷蘭獅子頭,就不一定要像東錦一般,務必和花斑凸目金交雜才行,和其他品種也可能育成。過去品種較少,缺乏選擇條件,但現在已能進行快效率的交雜了。

金魚的形態和其功能

金魚的身體結構和作用

金魚和人類等生存在陸地上的生物不同，為了成功飼養金魚，請先了解這些差異度，讓金魚舒適過生活吧！

有關金魚的器官

金魚的下顎沒有牙齒，但喉嚨內部卻有牙齒功能的器官，從事嚼碎食物工作。據說視力也不好，尤其是凸目品種更是幾乎看不見。

呼吸是靠鰓將溶解水中的氧氣吸入體內。氧氣太少時，會激烈活動鰓蓋，讓更多水流進鰓內。

讓金魚在水中能保持平衡的器官，稱為魚鰾（浮囊）。浮囊依功能分成兩種結構。但該器官因某種理由發生異常時，金魚容易翻覆而無法游水。

金魚進食後的食物會從食道經過長長的腸道消化，然後再把不必要的殘渣從肛門排泄出去。

■金魚的體內和感覺

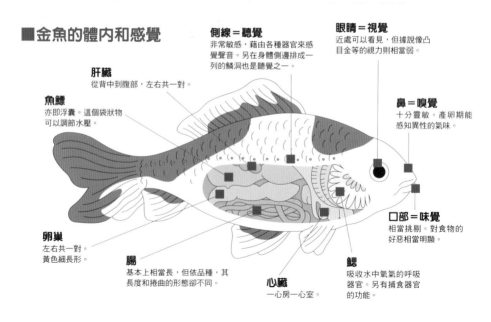

側線＝聽覺
非常敏感，藉由各種器官來感覺聲音。另在身體側邊排成一列的鱗洞也是聽覺之一。

眼睛＝視覺
近處可以看見，但據說像凸目金等的視力則相當弱。

肝臟
從背中到腹部，左右共一對。

鼻＝嗅覺
十分靈敏。產卵期能感知異性的氣味。

魚鰾
亦即浮囊。這個袋狀物可以調節水壓。

口部＝味覺
相當挑剔。對食物的好惡相當明顯。

卵巢
左右共一對。黃色細長形。

腸
基本上相當長，但依品種，其長度和捲曲的形態卻不同。

心臟
一心房一心室。

鰓
吸收水中氧氣的呼吸器官。另有捕食器官的功能。

■金魚會有什麼樣的感覺呢？

有關金魚的感覺

有關視力前文已提過一些。眼睛結構基本上只能看見近處。飼養在水槽的金魚，一感覺有人靠近，會以為有食物吃而游近。由此可見，眼睛是藉由相關的資訊和經驗產生反應的。

金魚的味覺意想不到地挑剔。一直給同一飼料時，這種情況較不明顯。但給多種飼料時，即會對不喜歡的食物明確反應。喜歡的食物會猛吃特吃，遇到不喜歡的食物則出現無奈的表情。

金魚缺乏如人類耳朵的器官，不過對聲音卻相當敏銳。好像和體內各器官連動一般來感受聲音。另外，在身體兩側各排成一列稱為「側線」的線，也是擔任耳朵功能的器官之一。

常聽說，養一尾金魚多寂寥啊，可是人類眼裡的寂寞感，在金魚的世界應該不存在。但為了讓金魚舒適過生活，環境的整備才是最重要的。

尾鰭的種類

品種	頁數	全長（成體）	體色、花紋	有無背鰭	尾鰭形狀
琉金	6	15～20cm	素紅、更紗	○	三片尾、四片尾、櫻尾
花斑琉金	10	約20cm	花斑	○	三片尾、四片尾、櫻尾
和金	12	20~30cm	素紅、更紗	○	鯽尾、三片尾、四片尾、櫻尾
朱文金	14	20~30cm	花斑	○	燕尾
地金	16	約18cm	六鱗	○	孔雀尾
蘭壽	18	15～20cm	素紅、更紗、白、黑、青、羽衣	X	三片尾、四片尾、櫻尾
荷蘭獅子頭	22	20~25cm	素紅、更紗、黑	○	三片尾、四片尾、櫻尾
東錦	26	15～20cm	花斑	○	三片尾、四片尾、櫻尾
江戶錦	30	約20cm	花斑	X	三片尾、四片尾、櫻尾
櫻錦	32	約20cm	更紗	X	三片尾、四片尾、櫻尾
津輕錦	34	18～20cm	素紅、更紗、黑、花斑	X	三片尾、四片尾、櫻尾
濱錦	36	約18cm	素紅、更紗、花斑	○	三片尾、四片尾、櫻尾
秋錦	38	18～20cm	素紅、更紗	X	三片尾、四片尾、櫻尾
土佐金	40	約15cm	素紅、更紗、花斑	○	翻翹尾
南京	42	約15cm	更紗、白、六鱗	X	四片尾
茶金	44	約25cm	茶	○	三片尾、四片尾、櫻尾
青文魚	46	約25cm	黑藍色、羽衣	○	三片尾、四片尾、櫻尾
丹頂	48	約25cm	丹頂	○	三片尾、四片尾、櫻尾
頂天眼	50	約20cm	素紅、更紗	X	三片尾、四片尾、櫻尾
水泡眼	52	約18cm	素紅、更紗、花斑	X	三片尾、四片尾、櫻尾
珍珠鱗	54	約18cm	素紅、更紗、花斑	○	三片尾、四片尾、櫻尾
高頭珍珠鱗	56	約18cm	素紅、更紗、茶、黑、花斑	○	三片尾、四片尾、櫻尾
蝶尾	58	約20cm	素紅、更紗、茶、黑、花斑	○	蝶尾
花房	62	約18cm	素紅、更紗、茶、花斑	—	三片尾、四片尾、櫻尾
彗星	64	20~30cm	素紅、更紗	○	燕尾
凸目金	66	15～20cm	素紅、更紗、黑、花斑	○	三片尾、四片尾、櫻尾
貓熊	68	15～20cm	羽衣	○	蝶尾

第3章
選擇水槽、器具

選擇水槽讓金魚
擁有一個舒適的生活環境
另外也要瞭解過濾器、
打氣馬達等必須用具
的最新資訊

金魚的水槽

展現金魚魅力的飼養容器

水槽是在室內飼養金魚所不可或缺的用具。雖然大大小小，尺寸眾多，但儘量準備寬敞場所當作飼養環境為宜。

■購買水槽■

一般的玻璃水槽多半可在觀賞魚專門店購買。飼養少數的小金魚雖不需要大小槽，可是飼養大金魚或許多金魚時，就務必準備適當的大水槽。

水槽大，重量也大，因此購買時要先詢問店家有否配送服務。

各廠商出售的水槽都有一定的規格尺寸（參照P.100），中等尺寸的水槽幾乎任何廠商都有生產。至於，小型水槽可在DIY用品店買到。第一次購買水槽時，最好選擇包含飼養必要器具的套裝產品較方便，因為不必為購買其他器具煩惱。

■購買金魚前…

金魚缽的漂亮裝飾

藉由水槽欣賞水景

純和風的魚缽

嗯～

玻璃水槽

金魚缽

塑膠水槽

■有關水槽的種類■

最常見的水槽是除了玻璃水槽外，還有塑膠製的塑膠水槽和壓克力水槽等。

塑膠製水槽有非常小的產品，只是太小型並不適合飼養金魚。

壓克力水槽由於需要額外的配管等加工，故價格比玻璃水槽昂貴許多，因此也不適合來飼養金魚。普通使用玻璃水槽居多。

玻璃水槽比起塑膠水槽、壓克力水槽，有較不容易刮傷，日常保養較方便的優點。

同時，最近的玻璃水槽各廠商也紛紛推出許多不同形態、造型的款式，其中尤以一體成形的漂亮水槽最受大眾歡迎。水槽的裝飾品也多采多姿，相當有趣。

■金魚的飼養數■

多大的水槽能飼養多少的金魚，這個答案很難一語概括。因此即使在相同的條件下，飼養方式不同，可以飼養金魚的數目就有不同。

飼養設備周全與否，是決定飼養數的重要條件。使用能充分過濾的過濾器和毫無過濾設備時所飼養的金魚數，當然不同。

另一絕不可忽視的重要問題就是有否定期換水。即使安置過濾器，飼養水也務必定期交換。若覺得頻繁換水相當麻煩，則必須減少飼養的金魚數，同時準備較大的水槽。

金魚會配合飼主的生活模式，某程度習慣給予的環境。但在小水槽飼養許多金魚時，必須減少飼料量。

若期望金魚長大的話，可在裝多量水的大水槽中飼養少量的金魚，並給予充分的飼料。

亦即，決定飼養的金魚數時，要根據對金魚的期望來調整。

水槽的尺寸別、金魚的最佳飼養數

水槽名稱	長、寬、高 (mm)	水容量(L)	金魚的大小 4～6cm	金魚的大小 7～9cm	金魚的大小 10～12cm
S水槽	315×185×244	約12	2～3尾	1尾	×
M水槽	359×220×262	約18	3～4尾	1～2尾	1尾
L水槽	398×254×280	約23	5～6尾	2～3尾	1～2尾
45cm水槽	450×295×300	約35	8～10尾	3～5尾	2～3尾
60cm水槽	600×295×360	約57	13～15尾	6～8尾	4～6尾

※水槽的尺寸，各廠商產品略有差異。

飼養在金魚缽的狀況

夏天在廟會等撈金魚遊戲中撈到金魚的人，大多會把金魚飼養在金魚缽。為酷熱帶來涼意的高人氣金魚缽，雖然設計上充滿魅力，但以飼養金魚的容器而言，就顯得太小，因此初次飼養金魚的人必須注意幾個重點。

首先要留意金魚缽所飼養的金魚數，很遺憾的無法放入太多金魚。以撈金魚的金魚大小而言，大約1～2尾就夠了。看似太少，但考量水質，還是以這個數目較適宜。

其次是金魚缽的換水方法。雖只是1～2尾金魚，但飼料若太多，水還是馬上變白濁。

尤其夏季水溫升高，水質更易

惡化，故需視白濁程度約2～3天換水一次。這時換水用的水，需要和金魚缽中的水溫相同，而且要先把自來水中的氯氣加以中和。

另外，若能在金魚缽中設置小型過濾器，即可減少換水次數。只是從設置過濾器到發揮過濾效果，約要經過3～4週，為其缺點。

在金魚缽度過夏季的金魚，到了秋季已長大一些。由於如此，勢必要移到較大的容器為宜。而且一般出售的小水槽都比金魚缽的裝水量多。

至於閒置的金魚缽，請擦拭乾淨，等明年夏季再用吧！

飼養器具的種類

能夠順利飼養金魚的器具

在水槽飼養金魚時，若能周全備妥各種器具，管理上就輕鬆。正確使用這些器具，讓日常的管理毫不勉強，好好享受飼養金魚的樂趣吧！

■過濾器■

過濾器可以保持水質乾淨。飼養金魚的水會因殘存的金魚糞便、食物殘渣和枯萎水草等各種物質溶解其中，而會變成污水。

過濾器的功能就是聚集這些污穢物質並加以分解。不過，並非裝置了過濾器就無須再換水。金魚需要的飼料量比小型的熱帶魚等多得非常多。因此在水槽中飼養金魚時，除了必須裝置過濾器外，還要進行定期換水。

過濾器的形狀相當多，可配合自己的飼養習慣、飼養方式和水槽設置場所等來選擇。

■過濾器的結構

●底面式過濾器

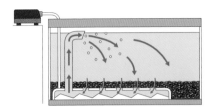

●外掛式過濾器

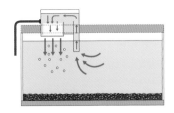

●投入式過濾器

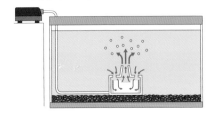

●上面式過濾器

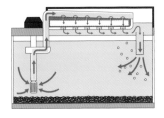

底面式過濾器

這是形狀像木條墊板的過濾器。放在水槽底部，上面再鋪砂礫來使用。從S水槽到60cm水槽用的商品都有販售。並無特殊濾材，故砂礫也兼具濾材功能。要清理整個水槽時，必須把砂礫全部取出，之後才重新裝置才行。雖有些麻煩，但習慣後就覺得簡單。

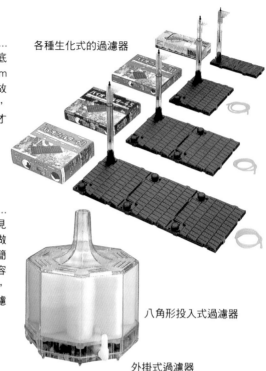

各種生化式的過濾器

投入式過濾器

飼養所必要的器具，也是套裝式水槽中常見的過濾器。利用打氣馬達送入空氣，順勢做出水流，把水送入濾材的結構。結構雖簡單，但效果卻相當優越。過濾器和濾材都容易買到，相當方便。除了小型水槽適用外，也常被使用在大水槽中當作補助性的過濾器。

八角形投入式過濾器

外掛式過濾器

外掛式過濾器

掛在水槽邊緣的小型過濾槽的過濾器。更換濾材容易，頗受歡迎。由於使用馬達，故聽不見送空氣的「啵—啵—」聲響，十分安靜。這種過濾器雖也會連同各種尺寸的水槽成套出售，可是飼養金魚上，多半使用於小型水槽。其實也不適合大水槽使用。

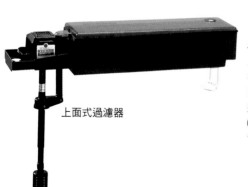

上面式過濾器

上面式過濾器

上面式過濾器是置放在水槽上面的箱形過濾槽。這種過濾器能輕易更換毛墊等的濾材。同時放濾材的場所也比較寬敞。但是上面式過濾器多半使用於45～60cm以上的水槽（參照p.100），並不適用小型水槽。另有出售能把從過濾槽送回的水勢減弱的商品。

■打氣馬達■

打氣馬達是飼養金魚不可或缺的器具之一。打氣馬達不僅能把空氣送入水中溶解氧氣外，也是投入式或底面式過濾器運作時的必要配件。另外，也是轉動裝飾用風車等所需要的配件。

打氣馬達大小尺寸繁多，可依水槽大小或用途等來選購。水深的水槽適用較大型的打氣馬達，而小水槽用小型的打氣馬達就夠了。

使用打氣馬達時，要避免水滲入內部為要。而且商品幾乎都是針對室內用途為前提設計的。故不適合室外使用。

若打氣馬達的設置場所低於水面，遇到停電打氣馬達隨之停止運作時，水即會逆流侵入打氣馬達內部。因此，務必設置在高於水面的場所才對。

打氣馬達的壽命長，持續運轉1年以上也不輕易故障。但防範萬一，還是擁有備用的打氣馬達較安心。

若一次要把空氣輸送給許多水槽使用時，可使用稱為送風器（blower）的器具。這種送風器市面上也有相當多樣的種類可供選擇。

打氣馬達（水心）

打氣馬達INNO β 6000

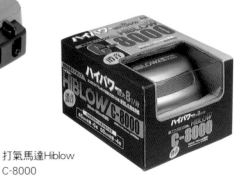

打氣馬達Hiblow
C-8000

■加溫器■

加溫器是用來增加飼養水溫度的器具。需和稱為「恆溫器」的感知溫度器具一起使用。恆溫器若設定在18度的話，那麼加溫器在水溫到達18度時即會自動斷電，低於18度時又會再度啟動，溫熱飼養水。但是加溫器不具有降低水溫的機能。

目前也有附加恆溫器機能的加溫器，稱為「自動加溫器」的商品。外觀和一般加溫器幾乎相同，因此購滿時務必仔細確認。

加溫器的瓦特數（W）要依據水槽大小選擇。另因加溫器是以設置在室內的水槽為前提設計的，故若設置在室溫如同室外一般寒冷的場所，務必使用瓦特數較大的加溫器，否則無法達到設定的溫度。

過去的金魚水槽很少見到加溫器，不過，若使用加溫器，即使冬季，你也能觀賞金魚潑游水的美麗神情。飼養金魚不需要像熱帶魚一般使用高水溫，設定在18～20度就足夠了。

加溫器
SEAPALEX 1020

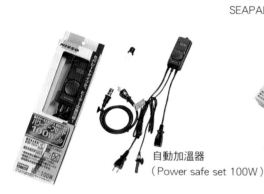

自動加溫器
（Power safe set 100W）

水槽尺寸別、最佳加溫器W數

水槽名稱	長、寬、高 (mm)	水容量 (L)	加溫器W數
S水槽	315×185×244	約12	50
M水槽	359×220×262	約18	50～80
L水槽	398×254×280	約23	80～100
45cm水槽	450×295×300	約35	100～150
60cm水槽	600×295×360	約57	150～200

※使用加溫器的瓦特數（W數），會因水槽內的環境而有所不同。
※水槽的大小會因廠商不同，而有些微差異。

■照明器具■

多半的熱帶魚水槽會使用照明器具，可是金魚水槽卻罕見。可是為了讓金魚的體色看起來更鮮豔美麗，最好加裝照明器具。

照明器具是配合各種水槽尺寸出售的。也有連同照明器具和上面式過濾器一起出售的套裝式水槽產品。這種整套式的水槽，最適合第一次飼養金魚的人使用。另外，最近也有許多裝置在水槽外框的手臂式商品化照明設備。

螢光燈

照明燈具

■底砂礫■

金魚水槽常用的底砂礫分為稱為「大磯砂」的黑色砂礫，以及淡茶色的「珪砂」、稱為新五色石的「彩色砂」等。

這些砂礫的機能並無太大差異，只要選擇喜歡的即可。只是，顆粒太大的種類，飼料容易滲入縫隙，不久即腐壞髒污水質。另外，有稜角的顆粒唯恐傷害金魚嘴部或身體，都應避免為宜。

無論選擇哪一種砂礫，使用前都要充分用水洗淨。

大磯砂

珪砂

新五色石

▓水質調整劑▓

主要用來調整水質。自來水只要中和氯氣，幾乎都能安全當作飼養水。

另外也有提高或將低ＰＨ值的調整劑。但飼養一般金魚並不需要特別的調整劑。

只是這類日常管理問題，在金魚出現特殊狀況，亦即該購入金魚或移動場所等時，務必比平時多費心罷了。

因移動引起擦傷的金魚，其承受的負擔高過我們想像。這時給予含有保護金魚體表黏膜成分的水質調整劑，就能發揮最大功效。

Tetra Aqua Safe
調整劑

▓裝飾品▓

指放在水中裝飾的物品，和飼養金魚並沒有直接的關係。可是，為了讓水槽展現出豐富的景觀的景象，許多人都會增加這類裝飾物。

放入裝飾物時要顧及不影響金魚游水為宜。金魚不太擅長游水，因此若因裝飾物導致空間變窄的話，會發生受阻困難進出的情況。

金魚原本就是裝飾用生物，為了觀賞其最大限度的魅力，別像熱帶魚水槽一般添加過多人工裝飾，越單純越能凸顯風味。

陶器製品　龍宮水車

陶器製品 雪見燈籠

新水生植物

107

■介紹便利的用品■

除苔磁鐵

水槽內的玻璃面難免會長青苔。希望不必弄濕雙手,又能輕鬆去除青苔的要訣,就是使用除苔磁鐵。最近又推出磁鐵脫落於水槽內時,會自動浮出水面的便利商品。

除苔磁鐵

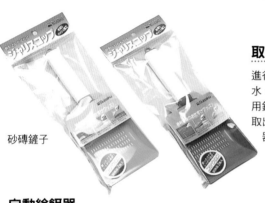

砂磚鏟子

取出砂礫用的鏟子

進行去除水槽內砂礫的作業時,由於砂礫含水,故格外困難。若使用這種取出砂礫的專用鏟子,水即會從網眼部分排除,而能有效取出砂礫。可說是水槽大掃除時不可或缺的器具之一。

自動給餌器

到了設定的時間,飼料即會從容器自動送出的器具,對經常不在家的飼主相當方便。只是,必須確認每天給予的飼料量是否殘存,發現殘存則要立即清除,並調節給予的飼料量。

定時器

換水用的唧筒

換水時不可缺缺的器具。商品名稱眾多,但基本功能相同,這是把在石油暖爐中加入燈油的器具應用在觀賞魚上的產品。由於是利用虹吸原理排水,因此排水的位置要比水槽低才行。

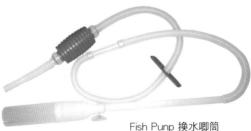

Fish Punp 換水唧筒

夾匙

去白濁劑

飼養水白濁是剛裝置水槽時最常發生的問題。不久後多半會自然恢復透明。若希望飼養水儘快變透明，利用去白濁劑就相當便利。一般是瓶裝液體出售，但是受的商品種類繁多。

去白濁劑

飼料用夾匙

給予特殊形狀飼料時的便利器具。片狀飼料使用夾子，粒狀或粉狀使用小匙子。若用手捏取飼料餵魚，不僅手會附著飼料的氣味，也容易掉落髒污水槽周邊，因此利用這種飼料用夾匙即能得心應手。

旅行等不在家時

　　飼養生物最麻煩的是外出旅行時的照顧問題。尤其是狗、貓等無法一起帶去旅行的寵物，更令人頭痛。

　　生活在水中金魚當然也無法帶去旅行。但金魚是許多魚類中，不會因數天不餵食而成為死亡的直接原因。反而是外出前給予太多的飼料，因而水質惡化，才是金魚的真正致命因素。

　　魚類通常不會因為缺乏食物而餓死，反而是水質惡化致死的狀況頻頻發生。這正意味著，只要飼養水管理完善，暫時數天不給飼料，是不會有任何問題的。

金魚的飼養水

怎樣的水才適合飼養金魚呢？

為了順利飼養金魚，要瞭解金魚喜歡怎麼樣的水。雖然金魚並不太挑剔水質，但仍以適合金魚的水來飼養較理想。

■ 金魚喜歡的水 ■

過去以來一直認為適合飼養金魚的水質是PH7.0的中性，水溫在18～20度。當然，未必一定是中性，只要非極端的酸性或鹼性，幾乎都能飼養金魚。

自來水屬魚中性，故一般只要中和氯氣，飼養金魚就不會有問題。因此，利用自來水可說是最安全的方法。只是，飼養金魚後，水會慢慢變成酸性，需要定期換水。

■ 對金魚而言 哪種水質最理想呢？

養殖大量金魚的養魚場，是使用河水而非自來水。養魚場的水中因浮游生物的繁殖會變成綠色。在室外飼養金魚時，水一樣會轉變成綠色。這種因浮游生物而變成綠色的水也適合當飼養水。因為浮游生物和水草一樣會進行光合作用，而且可當稚魚的飼料。

但是浮游生物產生過多時，就對金魚產生不良的影響。同時，以室內水槽飼養的情況而言，因浮游生物會變成綠色的水在瞻觀上顯得不雅。而且在水槽飼養金魚時，綠色的水會阻礙觀賞金魚的視覺。基於這幾點，河水其實並不適合飼養金魚。

能清楚看到金魚

咦了金魚不見了嗎…？

水會因浮游生物
而變成綠色
這對金魚而言
並無害處…

如何製作飼養水

◆自來水

最普遍又最安全的飼養水。只要中和氯氣，調整水溫，任何情況都能直接當作金魚的飼養水。含於自來水的氯氣量雖因季節而異，但對飼養金魚而言，並無特別問題。同時，自來水的氯氣，只要裝入水桶置放1～2天即會自然消除。

置放1～2天即可消除氯氣

◆井水

目前還使用井水的家庭應該不多。不過，可當作人類飲用水的井水當然也可當作金魚的飼養水。只是井水在夏季水溫偏低，需要把水溫調節到適合飼養水的程度。同時，溶解其中的氧氣也較少，需要充分輸送空氣才能使用。因此，使用前請先調查井水的水質較安心。

輸送空氣和調節水溫

◆河水

使用河水飼養金魚的家庭應該很少。有些河川是可使用，但流經都會區的河川通常被嚴重污染，無法飼養金魚。而且，河水含有會危害金魚的小生物，因此避免使用河水為宜。同樣的理由，池塘、沼澤等的水也不能飼養金魚。

都會區的河川污染嚴重

含有會寄生在金魚上的有害生物

飼養水的製作法

準備適合飼養金魚的水

飼養金魚不必特別準備用水，但若不瞭解基本知識，卻可能發生意外失敗。故飼養前請再次確認。

定時換水是飼養金魚一項非常重要的作業。別等到金魚狀況不好時才想到要換水，應定期進行。

多半的人會使用自來水來飼養金魚。

這時，務必先中和氯氣後再使用。

含於自來水中的氯氣雖對金魚有害，但能透過幾個簡單的步驟加以去除，因此自來水還是最方便的飼養水。

中和自來水氯氣的方法

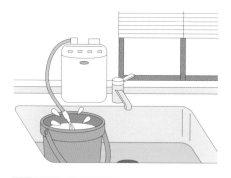

◆利用淨水器

一般而言，大家較熟悉的淨水器是家庭用產品，不過市面上也有出售觀賞魚用的淨水器。養魚用的淨水器主要用於飼養熱帶魚上。因為金魚只需要中和自來水氯氣，因此並不特別需要觀賞魚用的淨水器。

◆事先置放飼養水

意味將水裝在容器，事先置放的方法。此時，應置放在和飼養水同水溫的場所，才不必進行水溫調節，方便直接當作飼養水。但置放時間太久，水質老化後就不適合當飼養水了。

◆使用中和劑

為了快速中和自來水中的氯氣，可使用氯氣中和劑（去漂白劑）。雖然大家較熟悉過去就有的粒狀產品，不過也有液體狀的市售品，且逐漸成為目前主流。同時液體產品能正確計量，操作上更方便。

■把氧氣溶解在水中■

魚類是靠鰓吸收溶在水中的氧氣來呼吸，因此，金魚的飼養水需要有足夠的氧氣，讓金魚能隨時吸收到必要的氧氣量才行。

將氧氣溶於水的方法，最普遍是利用打氣馬達輸送空氣。把空氣輸送到水中時，水中會冒出氣泡。

氧氣原本就容易溶於水，藉由打氣馬達更能安全地讓水中經常含氧。

飼養水的氧氣不足時，金魚會游到水面，不停開閉口部。這種狀態稱為抬鼻，金魚若長時間維持這種狀態會變得虛弱而死亡。

■輸送空氣的方式 和注意事項■

輸送空氣是飼養金魚上的重要作業，但空氣量若不適切，卻反而增加金魚的負擔，務必注意。

尤其是飼養在小容器的情況，空氣如果太強會致使金魚不停游水。如此一來，體力會被大量消耗而衰弱。這時應減少空氣量，調節到金魚能悠哉游水的程度。

或者準備本身就具備調節空氣量機能的打氣馬達。雖然價格稍微昂貴，可是方便正確調節。特別是擁有好幾個水槽的情況，應使用具備2個以上空氣出口類型的打氣馬達為宜。

中國金魚

過去把水泡眼等從中國引進的品種稱為「中國金魚」。

之後，雖然日本國內也能生產這類品種，可是為了表示是以中國金魚改良的金魚，還是沿用「中國金魚」的稱呼。

但是，最近在中國也已開始生產屬於日本系統的琉金等品種，而且還回輸入日本的情形越來越多。這些日本常見的品種，但由於在中國生產育成，故為了表示是中國產的金魚，也稱為「中國金魚」。但從此，所謂「中國金魚」的意義也有了轉變。

由於日本製的家電製品在亞洲國家相當知名，因此，市面常見到標榜著日本製但卻非真正日本製的產品相當多。金魚也有類似傾向，當地生產的所謂日本品種，就被視為高級品販售。因此有段時期，香港的觀賞魚專門店雖比比皆是，可是卻幾乎看不見所謂「中國金魚」的金魚。

雖然中國一直是生產許多金魚品種的國家，但像現在這般大量生產金魚的盛況，卻是不久以前的事。

第4章
金魚的
選法

備妥必要的器具後
即可選購金魚
為了能快樂享有金魚
陪伴的生活
關鍵在於尋找
健康活潑的金魚

金魚的買法、選法

怎麼樣的金魚要在哪裡購買呢？

選擇金魚的關鍵在於金魚健康與否。因此要瞭解何謂健康的金魚，讓水槽中的金魚都能活潑戲水！

容易飼養的品種

金魚算是容易飼養的魚類，但以金魚而言，還是有容易飼養和有些困難飼養的區分。所謂容易飼養的金魚是指體質較健康的金魚。

像琉金型品種，除了少部分品種外，多半容易飼養，體質強健。因此，以飼養容易度為優先條件時，建議選擇琉金型品種。

琉金型以外，荷蘭型也容易飼養。荷蘭獅子頭在室外的大池塘裡可育成30cm長的情況並不稀奇。只是，同為

■選擇金魚的重點

飼養容易度NO.1的和金

■該避免的混泳

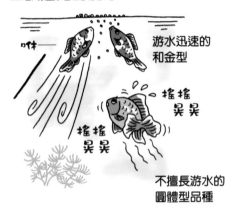

游水迅速的和金型

搖搖晃晃

搖搖晃晃

不擅長游水的圓體型品種

荷蘭型，又以長體型的品種最強健。

飼養較困難的是尾鰭長、不善游水的品種。例如土佐金，雖以尾鰭形狀為觀賞特徵，但這樣的尾鰭卻不適合游水，導致無法像其他金魚般活潑戲水。也因此，避免將土佐金和其他品種混合飼養為宜。

另外，和金型的品種也別和圓體型品種一起飼養較安全。金魚還幼時尚無問題，一旦長大，因游水和力量出現明顯差異，可能發生圓體型的金魚無法搶食足夠的飼料。

容易飼養的品種

品種名	頁數	飼育	購買	飼育法的重點
東錦	26	○	○	和荷蘭獅子頭的體色不同，容易飼養。
江戶錦	30	○	△	和蘭壽體色不同，飼養法也不太相同。
荷蘭獅子頭	22	○	○	非常強健，以會成長為大型金魚聞名。壽命也長。
花斑琉金	10	○	◎	和琉金體色不同。容易飼養。
高頭珍珠鱗	56	△	△	管理上和珍珠鱗相同，鱗片容易受傷要小心處理。
彗星	64	◎	◎	和和金一樣不需費心管理，適合入門者飼養的金魚。
櫻錦	32	○	△	去除江戶錦身上的黑色，成為紅和白的體色。容易飼養。
地金	16	X	X	困難適應飼養水的變化，因此剛購入時特別要留意。
秋錦	38	△	X	沒有背鰭，不太擅長游水。不適合初學者飼養的品種。
朱文金	14	◎	◎	和和金、琉金相同，都是和鯽魚的交雜種。非常強健。
水泡眼	52	○	○	比起其他品種，動作略顯緩慢，但飼養並不困難。
青文魚	46	○	○	擁有獨特黑中帶青體色的荷蘭型品種。強健容易飼養。
丹頂	48	○	○	全身白色，只有頭部頂端是紅色的荷蘭型品種之一。強健容易飼養。
茶金	44	◎	○	由於系統、飼養環境不同，有些個體的體色會變成紅色。強健容易飼養。
頂天眼	50	○	○	視力不佳，但強健容易飼養。
蝶尾	58	○	△	管理上和凸目金同樣。強健容易飼養的品種。
津輕錦	34	△	X	對水質的變化十分敏感，但適應環境後，飼養上就不成問題。
凸目金	66	○	◎	強健的品種，但因眼睛凸出，所以照顧時要特別小心。
土佐金	40	X	X	不擅長游水，故不適合和其他品種混泳。
南京	42	△	X	比起其他品種，體質顯得較弱。
珍珠鱗	54	△	△	避免觀賞重點的鱗片剝落。管理上要相當小心。
花房	62	○	△	避免傷害到特徵的鼻房，照顧上要小心，但強健容易培育。
濱錦	36	△	△	頭部發達的個體，不擅長游水，飼養上要細心。
貓熊	68	○	△	和蝶尾的體色不同。若飼養環境不對，短期間內黑色會褪去。
蘭壽	18	△	○	有些系體質較弱，飼養上也較困難。
琉金	6	○	◎	最親切的品種之一。強健容易飼養。
和金	12	◎	◎	不怕溫度差，非常強健。價格最便宜、最容易飼養的金魚。

購買金魚時

以前百貨公司頂樓總會有販售金魚、熱帶魚的攤位，但最近越來越少見。同時，金魚專門店也似乎不多。

那麼，到底哪裡才買得到金魚呢？一般而言，水族館、熱帶魚店、DIY用品店都有販售金魚。

這些商店出售的金魚，都是以高人氣的小型金魚為主。

也由於只流通被認為熱門的部分品種，因此，並非本書介紹的所有品種都能在店裡買得到。

雖然店家不多，可是金魚專門店中，除了一般品種外，通常還有許多珍奇品種。另外也有以進口金魚為訴求的商店。這類的專門店，可從觀賞魚專門雜誌或網路上的網頁等搜尋得到。

金魚和熱帶魚不同，即使販賣的品種、價格一樣，然而每一尾的花紋、體型卻有差異。所以還是多逛幾家，較有機會邂逅到你心愛的金魚。

■選擇金魚的樂趣

多到幾家店看看，才能找到喜愛的顏色和花紋！

■優質金魚、劣質金魚的分辨法

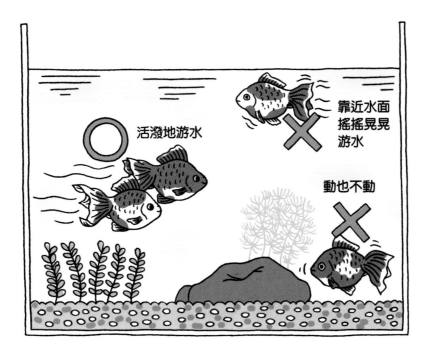

活潑地游水

靠近水面
搖搖晃晃
游水

動也不動

如何分辨有活力的金魚

即使找到品種、體型和花紋都喜歡的金魚，但最重要關鍵還是要健康有活力。店家剛進貨的金魚，大多會受到不少的衝擊。外觀看似沒有外傷，相當困難判斷情況。因此，選擇進貨一段時間，已經適應水槽且能活潑游水的金魚最為理想。

健康的金魚，隨時都活潑地在游水。看見人時會靠近的金魚，大致上沒有問題。若金魚一直沈在水槽底，或無力地漂浮在水面附近的話，可能健康上出了問題。這樣的金魚就別購買了。

想從外觀判斷金魚的健康狀態時，請檢查鰓的活動是否太慢，或眼睛是否白濁等。

若魚鰭尾端腐爛，或體表、魚鰭等出現白色青春痘般狀態，也要小心。

撈金魚獲得的金魚

一般提及金魚，常會聯想到撈金魚的情景。對我們而言，撈金魚可是夏季裡的快樂回憶，但對金魚而言，卻可能是一大苦難。因為撈金魚的環境，對剛出生數個月的小金魚的確太嚴酷的。

為了方便客人撈到金魚，通常會準備某程度多量的金魚。若為了讓金魚游動舒適而減少數量的話，那客人恐怕就撈不到金魚了。會接近水面無力游水的金魚，其實就是相當虛弱的金魚。因為水中氧氣不足，又像擠在客滿的電車一般驚慌地地度過好幾個小時，變虛弱也是理所當然的。

由於如此，從撈金魚場帶回家的金魚，多半處於疲憊不堪的狀態。這時若想飼養撈到的金魚，就必須迅速帶回家，讓金魚好好靜養為要。

金魚帶回家後，若無法馬上提供飼養容器，可暫時放在水桶。不過，還是要儘快準備水槽或專用器具。

撈金魚獲得的金魚，只要細心照顧仍會發育長大。金魚看似小魚，但任何種類的金魚一般都能育成15cm或20cm左右。感覺嬌小柔弱的金魚，飼養1～2年後即會成為漂亮的金魚。

■撈金魚獲得的金魚會有什麼情況呢？

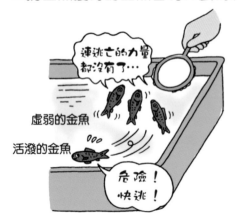

連逃亡的力量都沒有了…

虛弱的金魚

活潑的金魚

危險！快逃！

哇！好舒服！

撈回後，儘快準備飼養金魚的水槽

金魚的搬運

如何正確搬運金魚呢？

從金魚店購買金魚時，通常要自行取回家，這時候需要注意一些事項。那麼為了讓金魚平安回到家，到底該注意些什麼呢？

搬運時的注意事項

搬運金魚時，多半使用店家裝金魚的透明塑膠袋。袋裡的水較少，重量就較輕，攜帶上也較輕鬆。

但水太水時，一混雜金魚排出的糞便，水質馬上污濁，因此要儘量多裝些水。另外袋中要裝氧氣。若袋中沒有氧氣，那麼金魚在搬運不久即會陷入缺氧狀態。

在夏季氣溫較高的時候，若直接把裝金魚的塑膠袋放在汽車內，水溫會上升傷害金魚。

水溫的變化，會給金魚帶來壓力。為了減少水溫變化，最好把裝金魚的塑膠袋，再保管在保利龍盒才搬運較安全。

而且，不得不離車時，記得要把車停在日陰處，以免水溫上升為宜。

■帶回家時的注意事項和重點

照到直射陽光

裝在保利龍盒中

金魚和水草

適合飼養金魚的水草和其種類

水槽內有否水草，氣氛截然不同。故栽種適合金魚的水草，讓金魚的演出更加美麗精彩。而且水草是金魚產卵時不可或缺的物質。

▇水草的功能

水槽的漂亮演出

釋放氧氣

光合作用

產卵時不可欠缺

水草的功能

植物是藉由光合作用釋放氧氣。因此水草接受日照後，會產生光合作用，吸收水中的二氧化碳，釋放氧氣。

但是金魚所需要的氧氣量，並非水草釋放的氧氣量就足夠。因為金魚消耗的氧氣和釋放的二氧化碳都遠比熱帶魚多

得多，可見只靠水草的淨化作用，效果是微乎極微的。

由於主要是飼養金魚，因此準備適合金魚生活的環境，比適應水草更重要。

當然能同時擁有金魚和水草最理想，但一般而言，兩者兼得是困難的。

水草的功能，大致分為美化水槽內部的觀賞作用和當作金魚繁殖必要的產卵藻機能（參照p.154）。

哪一類的水草比較好呢？

過去以來，都把飼養金魚所用的水草種類總稱為金魚藻。金魚藻不僅適合金魚，也是健康又容易培育的水草。

水草不挑剔水質，只要不需要在水中添加二氧化碳的種類，幾乎都可採用。只是市面販售的水草，多半是配合熱帶魚的需求，因此依據選用的水草種類，有些需如同飼養熱帶魚一般，把水溫保持在20度以上。

若想在水槽培育水草來觀賞，則必須考慮能張開根部的底砂礫，像新五色石般顆粒大的石子，並不適合栽種水草。

這時候，可使用大磯砂等的小顆砂礫，然後比平時鋪厚一些。

金魚要比熱帶魚更頻繁換水。若覺得每次換水都要拔起長根的水草相當麻煩的話，可把水草栽植在較大的缽中，換水時就連同缽一起把水草拿離水槽即可。

在治療金魚疾病時，常會用到鹽，但栽植在水槽中的水草，有些遇鹽即會枯死，故要注意種類。另外，治療金魚疾病的藥品類也會傷害水草。為此，使用藥品後，應把水草全部拿出，以免枯萎的水草污濁水質。

水草型錄

布袋蓮

在夏季的室外會迅速長大繁殖，但在室內卻大多容易枯萎。故為避免枯萎，儘量培育在明亮場所為宜。

羽衣藻

金魚水槽中常被使用的水草之一。明亮綠色的細葉相當美麗，但在陰暗的環境無法育成，是很容易買得到的水草。

水藻

和羽衣藻一樣，是大家熟悉的金魚用水草。強健容易育成，是適合飼養金魚的水草。幾乎所有的觀賞魚專門店都能買到。

金魚藻（松藻）

葉片纖細的美麗水草。這種水草沒有根也能成長，剪成適當長度，把莖插在砂礫中使用。屬於強健的水草，只要育成條件合適，就能迅速繁殖。

矮水榕（Anubias Nana）

葉片又大又硬的水草，光量少也能發育。成
長速度緩慢，故對沒時間照顧的人相當適
合。多半的觀賞魚專門店都有出售。

苦草（Vallisneria）

葉細長像帶狀，是常當作背景栽植在水槽內
側的水草。和其他水草一樣，強健容易育
成，適合當金魚的水草。

星蕨

很久以前就被使用在熱帶魚水槽內，強健容
易育成，因此也適用於金魚的水槽。無須太
多光量，也避免使用螢光燈為宜。

水妖（Water Sprite）

以和熱帶魚的孔雀魚最搭配的水草聞名。屬
於水生蕨類。淡綠色的明亮葉片，也適合搭
配金魚。育成簡單，漂浮在水中即能迅速繁
殖。

水草的量

能使用在金魚水槽中的水草，基本上任何種類都能迅速成長，因此務必健行定期修剪多餘部分的整理工作。

若水槽內長滿水草，金魚游水的空間必然減少，而且小水槽也避免栽種太多的水草。如果沒空定期整理的話，請選擇成長較慢的矮水榕或星蕨等水草。

水草若覆蓋著水面，不僅水槽內部變陰暗，金魚也困難吃到飼料，故太長的水草務必剪短。

同時，小型的S水槽也避免栽種太多水草，大約5～6株羽衣藻就夠了。

一般的小水槽，高度也不高，恐怕無法栽植水草。若希望在小水槽培育水草的話，可利用最近新推出的加高型小型水槽。

若想如同熱帶魚水槽一般，在水槽中栽植眾多水草時，為了確保金魚的游水空間，請準備60cm以上的大型水槽。

這時候，因為主角不是金魚而是水草，因此需要配合水草的育成條件，做好適切的管理和備妥設備。

■水草也需要管理

水草栽植過多時…

水草把水面覆蓋住了…

第5章
在一週內
設置好水槽

設置水槽是擁有金魚生活的樂趣之一
滿載裝置技巧的完全手冊

終於要設置水槽了！

設置水槽的場所和設置方法

決定設置水槽的地點時，最重要的條件在於容易管理。因為設置在方便施行日常管理的場所，才是能長保金魚飼養樂趣的要訣。

水槽的設置場所

水槽的設置並非購買金魚後才進行，而應購買前就著手。若金魚和水槽同時購入，就務必當天儘快完成水槽的設置。

設置水槽的作業，若不熟悉會意想不到地費時。有時倉促決定場所，結果安裝後發現剛好直射陽光，又得移動重新安裝。為了避免招惹無謂的麻煩，設置水槽前務必深思熟慮。

水槽的設置場所，過去以來最常被利用的是玄關。更正確的說法是多半設置在玄關鞋櫃上面。然而水槽因裝水和砂礫重量不小。故除非小水槽，否則還是設置在專用水槽台上較安全。

同時，避免在陽光直射的場所。因為直射陽光容易產生浮游生物，導致飼養水變綠色或長青苔，甚至水溫變化急遽。這些現象會影響金魚無法保持良好的健康狀態。

除此之外，換水也是飼養金魚的重要作業。為了方便換水，水槽要設置在排水方便的場所。

又如門邊等常有震動、衝擊聲音的場所，因會帶給金魚壓力，故也該避免。

一週期間的計畫

第1天

第2天

水槽的安裝

◎為了調整水質和等待微生物繁殖，需要2〜3天。

第3天

水草的栽植

◎水草中有些種類無法馬上適應飼育水的環境

第4天

第5天

第6天

把金魚放入水槽

◎避免金魚受到衝擊，要給金魚充裕時間適應水質。

第7天

安裝水槽

決定好水槽的設置場所後，接著就來安裝。本書是以能飼養較大型金魚的60cm水槽為例，加以說明安裝方法。但無論任何尺寸的水槽，基本作業都一樣。至於過濾器，飼養金魚上多半採用上面式過濾器。

第一次安裝水槽時，務必特別注意程序。若作業順序前後錯誤，之後的作業恐怕困難完成。

例如，若裝水後，才在水槽上張貼背景圖，那麼會因水槽內側空間有限，必須邊壓住容易捲曲的背景圖，邊進行黏貼，相當辛苦。

另一注意重點是安裝上面式過濾器和加溫器等電器用品的作業。萬一裝水前就插上插頭，這些電器馬上會運作，可能引發故障或火災。但是螢光燈或打氣馬達則可在裝水前就開始運作，不會有問題。

任何器具都會附有操作說明書，因此安裝前，都務必詳細閱讀說明，正確的操作。

Check Point

■確保正確的設置場所

■先安裝水槽

■選擇避免日光直射的場所

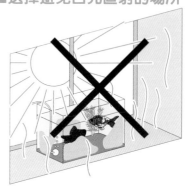

設置水槽

剛開始飼養金魚時，正確的裝置一個水槽是相當重要的事。別太草率，要認真進行安裝，讓初次邂逅的金魚擁有一個快樂舒適的家。

①確實洗淨水槽和器具

購入的水槽或器具，使用前必須確實用水洗淨，去除所有的污穢為要。

②張貼背景圖

張貼背景圖，水槽的後側就不再透明，水槽內的氣氛也變得舒適。

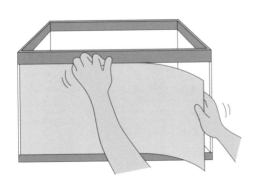

③洗淨砂礫

砂礫以少量少量地放入水桶等容器。以掏米的要領，洗到水不再混濁為止。

④裝入砂礫

把砂礫慢慢鋪在水槽底部。水槽底部若是玻璃，要小心以免破裂。

⑤刮平底砂

讓砂礫平均鋪在整個水槽底面，然後刮平。利用三角版等，作業會更有效率。

⑥安裝過濾器

詳讀商品附帶的操作說明書。在指定的場所安裝上面式過濾器。

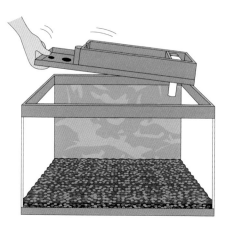

⑦放進濾材

濾材要沖洗到完全沒有污穢。然後放進上面式過濾器的固定位置。

 設置水槽

⑧鋪上毛墊

在濾材上面鋪毛墊。這時候，避免濾材上面有空隙。

⑨安裝打氣馬達

確認水的排出口朝向過濾器，然後把打氣馬達安裝在上面式過濾器的本體上。

⑩安裝加溫器

穿過打氣馬達旁邊的小洞，安裝加溫器。而恆溫器的感應裝置要離開加溫器場所。

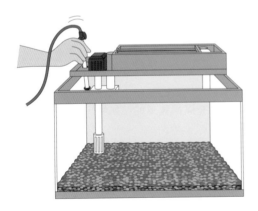

⑪安裝水溫計

在離開加溫器又容易觀察的場所設置水溫計。選用溫度標示較大的水溫計較方便。

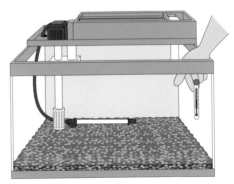

飼養金魚時適不適用
的裝飾配件

◎◎◎不適用的裝飾配件◎◎◎

飼養金魚時，有時會使用珊瑚砂作為濾材或底砂礫。這情況下若沒栽植水草即無問題，但若栽植水草，則會受珊瑚砂釋出的成分影響，故不栽種為宜。

同理，混泥土做的磚塊、貝殼等也避免使用。生木或殘存部分灰質的流木，也會釋出有害物質，都要留意。

除外，如有銳利尖端會刮傷魚體的配件，或有細縫的裝飾物等，也都不適用。

◎◎◎適用的裝飾配件◎◎◎

雖然不像過去那般盛行，但陶器配件還是相當普遍的金魚水槽裝飾物。

陶器做的裝飾物除了燈籠、拱橋、龍宮等外，還有河馬、鱷魚等動物造型。尤其是藉由打氣馬達輸送的空氣，嘴巴會開閉的動物，更為單調的形象添增無限魅力。

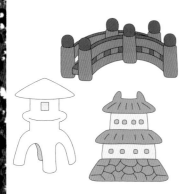

這些都是充滿懷舊感的裝飾物，可是和悠閒游水的金魚卻十分搭配，因此一直保持著極高的人氣

 設置水槽

⑫擺放裝飾配件

決定各種裝飾物的位置。裝飾配件少的話，水槽放水後再擺放也無妨。

⑬加水到八分滿

在砂礫上擺放碟子等，然後把水對準碟子倒進水槽，這是防範砂礫在水中飛舞的要訣。

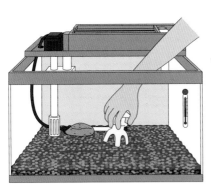

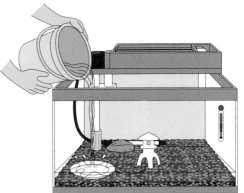

⑭安裝玻璃蓋

水槽若不加蓋，水分的蒸發量相當嚇人。所以務必加蓋。

⑮安裝螢光燈

避免螢光燈掉落故障，要確認是否安裝穩定。

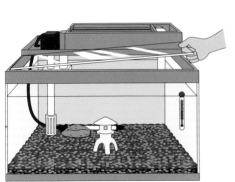

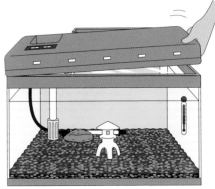

⑯插接電源

插接打氣馬達的電源，若無問題則把水加足。接著，插接加溫器的電源。

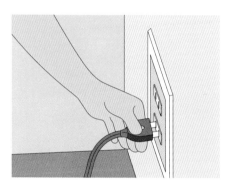

⑰確認加溫器的運作

加溫器開始運作時，加溫器上會附著細細的氣泡。水溫變熱後，水會產生搖晃狀態，請仔細確認。

⑱確認打氣馬達的運作

再次確認打氣馬達的送水處和排水口會不會漏水。

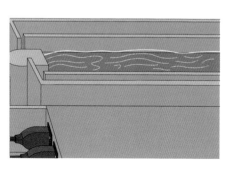

⑲完成設置水槽

經過約半天，使用水溫計確認加溫器狀態。之後加入水質調整劑即完成。

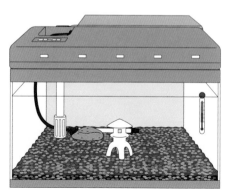

栽植水草的方法

水草並非只是光插入砂礫就可以了。為了能長久觀賞水草，應瞭解栽植前的準備和栽植的基本方法。

①從缽中取出水草，撕掉毛布

裝缽販售的水草，先從缽中取出水草。

用手指把毛布去除乾淨。細膩部位使用夾子作業較方便。

②拿掉鉛片

附有鉛片的種類，要小心撕掉鉛片，以免傷害到根和莖部。

③用水洗淨

水草有時會附著貝類的卵子或幼蟲，因此先放入水桶等，用水洗淨。

④栽植前的事前準備

有莖型
剪除受傷的莖部
或下葉。同時把
長根的最下一節
也剪掉。

蓮座叢狀
剪除枯萎或折斷的
葉。同時把根剪短
為2〜3cm。

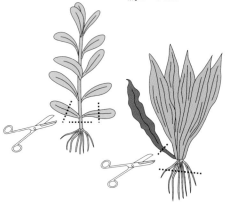

⑤栽植

有莖型
用夾子夾住下端，
一株株栽種。這時
候，夾子要和莖保
持平行為要。

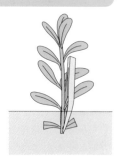

蓮座叢狀
在砂礫上挖個凹洞，
避免傷及根部下放入
根部，然後覆蓋砂
礫，完成栽種。

⑥依序從水槽後方栽植到完成

水草是從後面依序往前面栽種。儘量保留
寬敞空間讓金魚戲水。

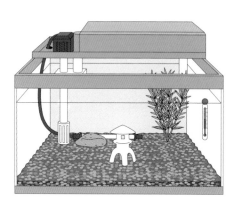

換水變輕鬆
栽植水草的技巧

金魚水槽
中的水質比
預想中還容
易惡化，因
此需要頻繁
換水。

因每次換水時都要重新栽植水
草，既費時又費事，因此令人越
來越厭煩換水。

這時不妨把水草栽植在小缽
中，換水時連同缽一起拿出水
槽，就能節省許多麻煩了。

把金魚放入水槽

第一次把金魚放入水槽的瞬間，內心總會興奮不已。因此避免失敗，使用正確方法讓金魚悠游在你的水槽中吧！

①連同塑膠袋放入水槽

不要觸及照明器具，連同塑膠袋放在水槽漂浮約30分鐘，讓塑膠袋的水溫和水槽內一樣。

②把水槽的水注入塑膠袋

和水槽的水溫相同時，把水槽的水慢慢加入塑膠袋中，讓金魚適應水槽的水質。

③適應水槽的水質

為了避免水質急遽變化，反覆的作業2～3次，約等待15分鐘直到確實習慣水質為止。

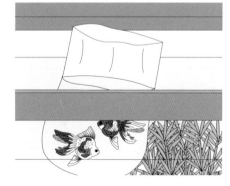

④移入水桶

有時塑膠袋中的水會含有細菌，因此先把袋中的金魚和水一起移到水桶內。

⑤用撈網把金魚移入水槽

使用撈網從水桶只把金魚撈出放入水槽。這時要注意避免傷害金魚體表。

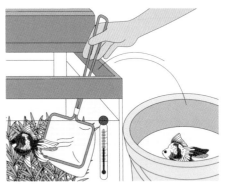

⑥完成

完成金魚放入水槽的作業。等金魚適應水槽後才給予飼料。基本上是金魚放入水槽的隔天才給飼料。

新追加金魚時

在飼養金魚的水槽內追加金魚時，千萬不可草率。首先，把追加的金魚放在別的水槽或容器，觀察約2～3週，確認沒有疾病等才能加入。

因為新的金魚若帶病，極有可能感染過去飼養的金魚。為了防範疾病侵犯水槽。過程雖有些繁瑣，但這樣的作法還是最確實最安全的。

金魚的室外飼養

注意水溫和水質的變化

金魚原本是飼養在室外的，因此家庭也可飼養在庭院池塘中觀賞。但飼養在室外和飼養在水槽不同，需要採用更正統的飼養方式。

室外飼養的優點和缺點

室外飼養的優點是金魚能充分享受到因陽光照射產生的微生物。而且這種環境，可說是讓金魚色彩更美麗，身體成長更大所不可或缺的條件。

反之，缺點是會大大受到氣候的影響。故若期望金魚在室外飼養下，能長期保持良好狀態的話，務必具備某程度的飼養經驗和飼養設備。

可使用的容器種類

DIY用品店販售的混泥土攪拌用容器，經常被利用為飼養金魚的容器，有各種大小尺寸。

若擁有同樣形狀的容器，可不必特地購買。但是飼養金魚不能使用太深的容器，應採用底面寬敞的容器較適合。

室外的飼養管理

在池塘飼養金魚時，並非使用過濾器來管理飼養水，而是以進行換水為基本。因為過濾器需要配合金魚的數量和池塘大小，故設置符合條件的過濾器，可能費用龐大，還需要專用的設置場所，所以，還是以換水方式較簡易。

室外的池塘需要比室內水槽更頻繁換水，因此需有備用的飼養容器。而且，讓備用容器經常裝著新鮮水，那麼換水之際，只要把部分的飼養水和金魚移到該容器管理即可，相當輕鬆。

換水次數是依據飼養的金魚數和池塘大小而異，但一般夏季約2～3天到1週進行一次。

至於水溫低的冬季就不宜換水。因水溫太低會削弱金魚的體力。為此，金魚恐怕無法適應換水般的水質急遽變化而罹患疾病。

第6章
每天的照料和管理

介紹餵食飼料的方法和換水方法等有關
日常照料金魚的要領
另外也提供疾病的預防方法
讓金魚更加長壽

飼料的種類和給予方式

飼料要配合金魚的大小和飼養目的來選擇

金魚用的飼料有漂浮在水面或沈入水中或添加美化體色成分等等，種類豐富。準備短期間內能吃完的量，才能保持飼料的新鮮度。

飼料的選擇法

金魚的飼料含有促進成長和美化體色的重要成分。雖然多半廠商推出的飼料都是五花八門，但選擇時還是要確認所含的成分為何。

金魚和人一樣，需要蛋白質、脂質、碳水化合物和各種維他命類、礦物質等各類營養素，因此，金魚的飼料中也需要均衡涵蓋這些成分。一般而言，任何飼料中含有率最高的都是促進金魚發育的必要蛋白質成分。

含於飼料的營養份會因存放太久而變質。這也意味著購買的飼料量必須能在短期內用完為要。且由於未開封的飼料就能保存，故想大量採購時，別選擇大瓶裝，而應選擇小瓶裝較理想。

金魚的紅色是無法靠金魚體內製造，故需要經常從體外攝取紅色來源的成分才行。

飼養在室外的金魚，能吃到自然發生在飼養水的植物浮游生物，故能維持鮮

豔的色彩，然而飼養在室內水槽的金魚，則除了從飼料攝取外別無他法。

142

飼料的種類

① 上浮性粒餌

最普遍的飼料，商品種類繁多。吃剩的殘渣一目了然，相當方便。

② 下沈性粒餌

常用來飼養室外的金魚。但顆粒小容易掉入底砂礫的縫隙中導致水質惡化，故不適合水槽飼養。

③ 片狀餌

隨著熱帶魚的風潮而普及化的飼料。又薄又軟，任何大小的金魚都能吃。

④ 冷凍紅虫

幾乎所有的金魚都愛吃的飼料。也常利用為針對品評會飼養的鱗鰭之主食。

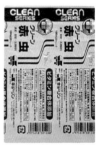

⑤ 乾燥紅虫

過去以來就被利用的飼料，為了保持營養均衡，最好和其他飼料一起餵食為宜。

⑥ 乾燥線蚯蚓

線蚯蚓乾燥而成的飼料。和乾燥紅虫一樣，最好和其他飼料一起餵食較能保持營養均衡。

水槽的日常保養

保持金魚健康的日常管理

每天觀察金魚，那麼一旦發生異常，馬上會發現。正確有規律的飼養管理是飼養健康金魚的重要關鍵。

金魚的水槽管理

早上起床，首先打開水槽的螢光燈，讓水槽內明亮起來。不過亮起螢光燈，並無法馬上叫醒睡覺的金魚，需要隔一會兒後，才開始像平常般游水。

水槽的設置場所若白天依舊非常陰暗，金魚會一直處於睡眠狀態，更要打開螢光燈。

健康的金魚，甦醒不久即會游近人們要求飼料。即使不太健康的金魚，也會吃飼料，因此不吃飼料的金魚，可能已陷入危險狀態。

早上給金魚飼料時，邊觀察金魚的動作邊確認其健康狀態。熟悉後即能輕易掌握。

白天無人在家的家庭應該不少，遇此情況出門前請關閉水槽的螢光燈。因為室內飼養的金魚是靠螢光燈來分辨畫夜，故要配合實際時間，清楚區別畫夜為宜。

同時可利用自動給餌器（定時給餌器）在白天給予飼料。份量別太多以免金魚吃不完殘留下來。

晚上回家後是一天中能接觸金魚最久的時段。不妨分數次給予飼料，細細觀賞金魚的美妙泳姿。

若飼養水的水面浮現眾多泡沫，或殘存許多吃剩的飼料時，請馬上換水，並追究原因改善。

這時候的換水並非更換全部的水，而應保留一半程度，以免水質變化太大傷害到金魚（參照p.149）。

若金魚吃不完飼料的原因是由於飼養水的水質惡化所致，那麼換成新鮮飼養水後，金魚會馬上啄啄砂礫，開始尋找飼料。

餵食最後一次飼料後，請等待1小時才關閉螢光燈。若飼料還沒被吃完就關閉螢光燈，會導致飼料成分溶於水中，污染飼養水的水質。一旦關閉螢光燈，就儘量保持安靜別讓金魚受到驚嚇。

■每天的照料

打開螢光燈的開關

別忘記觀察食慾如何

快樂的聯絡感情

餐後1小時熄燈

Check Point

金魚的健康管理

確認金魚是否健康的方法，除了觀察游水狀態外，還有幾個要點。

金魚的體表原本存在魚類特有的黏液，當健康出現問題時，粘液即會分泌過剩，在體表呈現白濁現象。另外，魚鰭出現血絲也是健康不良時常見的症狀。

要防範器具的突發性故障

以防萬一，所有器具都存有備份當然最安全。但是要求經常準備一些不知何時會利用到的器具，的確有些強人所難。

但尤其是電器類器具，因容易突然壞損無法再用，故一發覺打氣馬達出現奇怪噪音，或即將故障般的前兆時，請別猶豫趕快更換新品為宜。

另外，如過濾器的馬達或打氣馬達等會影響金魚飼養環境的器具發生故障時，可能引發水溫急遽變化或水質改變等重大事端。因此這類重要器具，還是儘量預留備份較理想。

春季 的管理

在室內水槽飼養金魚時，或許認為季節的轉變不會影響水溫。其實，室內溫度會隨著春天氣溫上升，飼養水的水溫當然也上升。因此春天一到，即要縮短冬季時的加溫器運作時間。

加溫器沒有降低溫度的機能，故平均水溫接近加溫器的設定溫度（18～20度）時，即可關閉加溫器電源，拿離水槽。

同時，加溫器屬於消耗品，換季時請購買新品，飼養金魚較安心。

縮短加溫器的運作時間

夏季 的管理

夏天，隨著室內溫度的上升，金魚的飼養水的溫度也逐漸上升。尤其沒人在家緊閉門窗的屋子，室內溫度往往會超過30度。

除非水溫急遽變化，否則超過30度的水溫，金魚還能適應。只是水溫越高，水中的氧氣量會越少。飼養多量金魚時務必注意這種現象。而且，水溫越高，水質越快惡化，必須留意避免水中殘存飼料。

白天關閉的室內，氣溫逐漸上升

秋季 的管理

初秋開始雖仍和夏季一樣炎熱，可是經過幾次陰雨後，氣溫會逐漸下降，越來越寒冷。

當金魚飼養水的溫度會下降到15度的日子增多時，水槽內即要安裝加溫器，以防水溫繼續降低。沒安裝加溫器時，冰涼的水溫會導致金魚的食慾和消化機能降低，因此應邊觀察狀況，邊減少飼料量。

在使用加溫器期間進行換水和掃除之際，務必先關掉電源確認安全後才可作業。

打開加溫器…

最近越來越冷了！

冬季 的管理

冬天的室內是否有暖氣，會大大影響水溫。加裝加溫器當然沒問題，若未使用的話，一旦關掉暖氣，水溫會馬上急速下降，務必注意。

金魚每天處於水溫極端變化的環境時，容易因些微狀況就就喪失健康。要知道一天水溫變化若超過20度，就非金魚容易存活的環境。為了維護金魚的健康，準備一個一天水溫變化少的環境是必要的。

沒裝加溫器…

好冷啊！快凍僵了～

水槽的換水作業

飼養金魚上的最重要作業

無論使用任何器具飼養金魚,都需要進行換水作業。為了能和金魚長久相處,必須配合自己的生活模式,進行適當的飼養水管理。

 ## 換水為什麼重要?

常聽說要更換水槽的飼養水是多麼、多麼的麻煩。但是,完全不換水是無法飼養金魚的。因為水槽的水會被金魚排泄的糞便和吃不完的飼料殘渣,一天天地污染惡化。

這些污穢溶於水中時,肉眼或許看不出來,但嚴重時卻會傷害金魚。使用過濾器是可把部分有害物質轉變成無害物質,不過並非表示完全無須換水。

以目前而言,使用過濾器只能拉長換水間隔,但卻沒有任何器具可以不換水下飼養金魚。

換水是把含有有害物質的水,更換成乾淨清潔水的作業。常有人誤解,飼養水只要還透明就不必換水。其實要瞭解含有有害物質的水,有時看似會像是完全無污濁的透明狀。

 ## 換水的量和次數

換水的量和次數,是依據水槽大小、金魚數量和飼料給予量等來改變。但通常一週一次,在水槽中注入三分之一到二分之一的新鮮水加以更換即可。

在同一水槽飼養許多金魚的情況,換水量也要加多。相反的,水槽大金魚數少時,換水的次數可以減少,一次的換水量也可減少。

若餵食多量飼料的情況,即使水槽大金魚數少,換水次數仍要頻繁。因為,飼料多,水中的污染物質也多。因此邊為了維持金魚的健康狀態,邊要給予多量的飼料時,請增加換水次數來進行飼養水的管理。

最常見的金魚死亡原因,多半是飼料太多引起飼養水惡化所致。初次飼養金魚的人,或許無法確實掌握這般的水質變化,但經過仔細觀察金魚的游水情況、體色和吃飼料的方式等,即能判斷金魚的健康狀態如何了。

■水質惡化的原因

金魚的數量過多

飼料給予太多

 ### 換水的準備作業

進行換水的必要用具之一，是每個家庭普遍都有的水桶。

若使用家庭清掃用的水桶時，務必留意水桶是否附著清潔劑，因為這對金魚有不良影響。最好準備換水專用的水桶較方便。

把新水注入水槽時，若少量還能利用水桶，若是60cm的大水槽，可能要用水桶提好幾次水，相當辛苦。

這時可準備換水的專用水槽，利用家庭用的塑膠水管注水，經過水溫調整後即可使用。

進行換水時必須把水槽玻璃面上的青苔事先去除乾淨。若覺得麻煩置之不理的話，日後的大掃除必將更棘手。

水槽的換水方法

①關掉器具的電源

換水時，務必先把所有電器器具的電源拔掉才可作業。同時，別用潮濕的手接觸電器製品以免觸電，務必謹慎。

②清除青苔類

除了過濾器和加溫器外，把金魚移到其他容器，然後清理附著在水槽玻璃面上的青苔。市售的便利清理器具眾多，選擇自己喜歡的即可。

③清除砂礫上的污穢

使用掃除砂礫用的清潔用具，將水槽底部砂礫的污穢連同水一起吸出，這時水槽內的水會大量減少，必須留意。

④抽掉廢水

若掃除砂礫用的清潔用具無法抽掉水時，可利用水管抽水。此際，留意別連金魚都吸出來。同時因為濾材需用原來的飼養水來清洗，所以要記得配合濾材量，把抽出的水保留必要量在另一水桶。

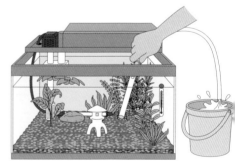

⑤清洗濾材

若把過濾器的濾材利用自來水清洗,那麼過濾飼養水的必要微生物會被沖除掉。所以,務必用目前的飼養水來清洗濾材的污穢。同時也避免清洗過度。

⑥準備新鮮用水

自來水含有消毒用的氯氣。雖對人體無害,但對金魚卻有害,故需先中和氯氣才用(參照p.110)。不過請注意,氯氣中和劑的使用量若高過規定量,一樣會造成傷害。

⑦符合水槽的水溫

注入新鮮水時,為了避免讓金魚承受負擔,水溫應和飼養水相同。因水溫極端變化,是金魚罹病的重大因素。

⑧把水加入水槽內

把經過調整水溫、中和氯氣後的水,靜靜倒入水槽中。確認達到原來的水位後,再重新插接螢光燈、過濾器和加溫器等的電源。

水溫相同

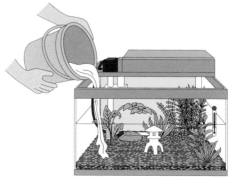

水槽的掃除用具

掃除水槽不僅在換水時要施行，平日的清潔也重要。希望有效執行，就請備妥用具。

掃除水槽的主要用具是為了去除附著在玻璃面上的青苔。

選擇的用具當然不可刮傷玻璃，而且為了方便隨時使用，應放在水槽旁邊，一有需要隨拿隨用。

另外管路的內側等也會附著污穢或青苔，這些無法用手擦拭的部分，利用刷子就能輕鬆清理。且最好配合掃除部位，準備多種尺寸的刷子。

若栽植水草，水槽內容易成長貝類。這些貝類原本就寄生在水草，不栽植水草就幾乎不出現。不過，一旦水槽內寄生貝類或其卵子，想徹底去除就意外地困難。但市面上買得到去除這種麻煩生物的器具。

撈網

撈網主要用來撈金魚，但也可撈除斷掉的水草或漂浮在水中的污物。分有細網目和粗網目，掃除時適合使用細網目。

掃除砂礫用的清潔用具

掃除砂礫用的清潔用具和換水用水管也是清潔水槽污穢的方便用具。由於這種用具是連同水一起抽出污物，因此水槽內的水會大量減少，務必留意。

撈魚網

去苔刷

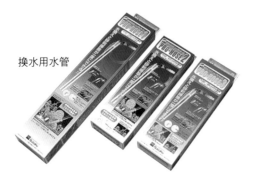

換水用水管

去苔用具

金魚的水槽難免會附著青苔。雖然可利用藥品來抑制青苔發生，可是剛發生的青苔，只要利用去苔專用器具，即能輕易快速去除。

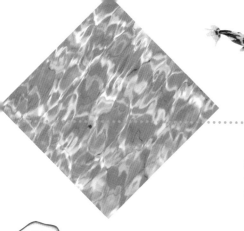

金魚的繁殖

產卵、培育金魚的稚魚

金魚的繁殖無須寬大的池塘，在室內的水槽也能進行。懂得產卵的方式或餵食稚魚飼料等基本要訣後，請挑戰繁殖金魚看看！

繁殖前的準備

對金魚而言，繁殖並不需要大規模器具。只要準備飼育稚魚的水槽一組、照顧稚魚的必要器具和能附著卵子的水草就夠了。

培育金魚的魚苗，一般是以一種稱為鹽水小蝦的浮游生物，做飼料來餵食。

◆金魚的公魚和母魚

金魚在接近產卵期間，公魚會開始追逐母魚。這時公魚的胸鰭或鰓蓋附近，會明顯出現許多白色的小突起物。

這些突起物稱為「追星」，只有成熟的公魚才有。有時母魚也會有追星，但不像公魚那麼顯著。因此，這期間比平時容易分辨公魚和母魚。

■公魚和母魚的分辨法

公魚　　　　　母魚

其方式是將加工過後的乾燥鹽水蝦塊直接放入鹽水中溶解，再加以餵食。所以只要準備好乾燥的鹽水蝦塊、容器、空氣馬達、空氣管等必要的用具，一但發現金魚要產卵時，就能馬上派上用場。從卵剛孵化的魚苗常有被金魚吃掉的情形，所以不能在水槽內和母金魚一起飼養。

◆接近產卵時

母金魚腹部有卵子時，肚子會比平常大，用手觸摸感覺軟軟的。而且到可產卵狀態時，稍加刺激即會產卵。這段期間，會看到公魚經常追逐著母魚，若會靠近母魚肛門射出精子的話，表示已完成產卵的準備。

■公魚和母魚的變化

公魚
產生追星

母魚
體型變肥大

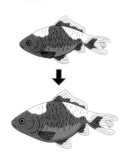

金魚的產卵行動

剛設置水槽時的小金魚，經過半年後就會長成大金魚。雖然水槽的大小、金魚飼養數、給予飼料量和換水次數等條件，金魚的成長速度也大有不同。不過，和體型大小無關，只要金魚健康狀態良好，任何金魚都能自然進行繁殖。

但給予飼料太少，過度瘦弱的金魚會缺乏繁殖能力。因為繁殖需要體力，若沒蓄積足夠的營養是無法進行繁殖的。而且經常保持健康狀態也重要。當日常管理出問題，金魚經常生病時，體力受到每次生病的消耗，漸漸地連繁殖能力也喪失了。

具有足夠繁殖能力的金魚，會出現公魚追逐母魚的狀態。而且，母魚會接近水草等產卵，公魚也幾乎同時射出精子。若水槽內出現這種產卵行動，水面會浮現眾多泡沫。

不希望繁殖時，若仍把公魚和母魚飼養一起，公魚會窮追著母魚而消耗體力，因此應準備另一水槽，把公魚和母魚分開飼養為宜。

■產卵的過程

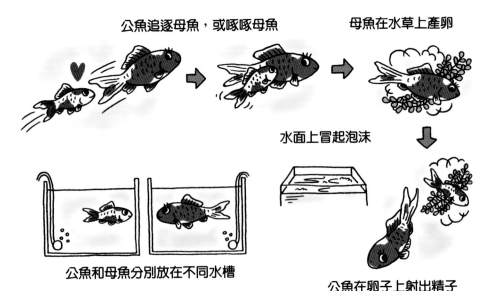

公魚追逐母魚，或啄啄母魚　　母魚在水草上產卵

水面上冒起泡沫

公魚和母魚分別放在不同水槽

公魚在卵子上射出精子

■產卵後該如何處理？

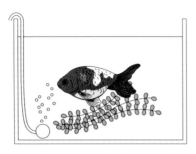

把附著卵子的水草移
到別的水槽。過濾器
OFF，打氣馬達ON。

讓金魚媽媽在
另一個水槽休息

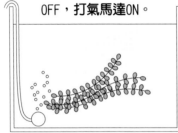

 ## 產卵後的管理

結束產卵後，將附著卵子的水草移到別的水槽。金魚媽媽也移到另一水槽。若把親魚和卵放在同一水槽，親金魚會開始吃自己產的卵子。故務必把親魚和卵子分開管理。而且，產卵後的水槽內的水質相當污穢，故產卵後必須進行換水。

放卵的水槽水溫，請用加溫器保持在20度前後。若水溫下降，有時會破壞孵化狀況。

若把親金魚移到另一水槽，把原來飼養親金魚的水槽用來管理孵化後的稚魚時，為了避免稚魚被過濾器吸入，請暫時停止過濾器的運作。但由於需要某程度的水流，故必須使用打氣馬達輸送空氣。尤其這時候，穩定的水溫相當重要，更需要輸送空氣讓整體水槽的水均勻流動。

產卵後的親金魚，會因體力消耗而疲憊不堪。和人類一樣，太疲憊時容易生病，故避免和其他金魚追逐，讓親金魚安靜修養恢復體力。同時，邊觀察金魚的狀況，邊慢慢給予飼料。

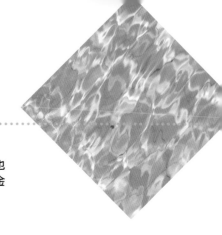

養育稚魚

從卵子開始養育金魚

即使金魚產卵、孵化都成功了，但照顧無方時也困難養育長大。為了把孵化的稚魚育成漂亮的金魚，如何餵食飼料是重要關鍵。

養育的樂趣

水槽雖是個安全的環境，但被產下的卵子，卻無法自然孵化、順利成長。因為觀賞用的水槽裡，不像自然環境一般，擁有豐富的浮游生物等，故對稚魚而言，攝取營養分是相當困難的。

而且，普通的飼料太大，稚魚無法吞食。因此，製作適合稚魚的飼料，用心地餵食稚魚成了飼養金魚生活中的一大樂事。

◆ 卵子孵化之前

被生產在水草中的卵子約經過1～2天後，會發現變成透明狀或像覆蓋著白棉花狀。透明狀的卵子就是受精卵，而覆蓋白棉花般的卵子就是未受精。孵化的日數因水溫而異，在20度左右約4～5天即會開始孵化。

◆ 給予稚魚飼料

剛孵化的稚魚，會像貼在水槽玻璃面或水草一般靜止不動。這時候還不會吃飼料。數天後，會為了尋找食物而開始游動。這時候，要給予事先準備好的鹹水蝦。這期間務必營養充足，否則無法發育長大。

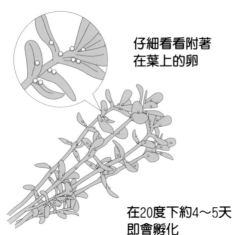

仔細看看附著在葉上的卵

在20度下約4～5天即會孵化

孵化不久的稚魚貼在水草等動也不動

◆ 鹹水蝦的購買和處理法

餵食稚魚的鹹水蝦乾燥卵,大致可在出售熱帶魚的觀賞魚專門店買到。

為了順利孵化鹹水蝦,需要準備保特瓶等容器或輸送空氣用的打氣馬達、送氣管、隙石,以及為了保持一定水溫的加溫器等。

這種鹹水蝦的卵,要在約3%的鹽水中,保持25～28度的水溫,持續強烈輸送空氣24～36小時才會孵化。孵化後停止輸送空氣,鹹水蝦的幼蝦即會集中在容器底部。

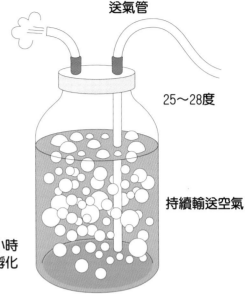

送氣管

25～28度

持續輸送空氣

經過24～36小時
鹹水蝦即會孵化

◆ 餵食稚魚鹹水蝦的方法

把聚集在保特瓶等容器底部的鹹水蝦,用滴管等吸起,然後放入稚魚的水槽中,稚魚馬上開始進食。鹹水蝦是產於鹽湖的生物,故在完全淡水中無法生存。另外,給予的鹹水蝦若殘存在水槽,水質容易惡化,務必細心斟酌給予量避免殘存為宜。

但是這時期的稚魚不可空腹太久,否則對身體發育有不良影響。因此請加多餵食鹹水蝦的次數。成長順利時,約1個月後即可給予人工飼料,但之前只能給予鹹水蝦。

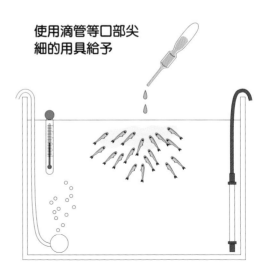

使用滴管等口部尖細的用具給予

稚魚的篩選

選擇擁有品質特徵的金魚

養育孵化的金魚時，會發現同品種的金魚，卻各有不同的顏色和形狀。而且若把孵化的金魚全部育成，恐怕數量龐大，這時可透過篩選減少飼養數量。

進行篩選的理由

進行大規模生產金魚的養魚場等，為了讓具備特徵的品種能世代相傳，都會進行篩選作業。若完全不篩選，那麼即使特定品種生產的金魚，也可能喪失該品種的特徵。

另外，篩選也有減少孵化稚魚數的目的。眾多的稚魚不經篩選，全數飼養的話，稚魚將無法一一獲得充分的飼料導致成長遲緩，或迫使飼養水急邊惡化。

在水槽繁殖金魚時，可觀賞到卵子的孵化、成長過程。但為了讓稚魚快速成長，務必配合水槽大小減少飼養數，日後才不會有問題。

不過，若想繁殖具有品種特徵的金魚飼養時，公魚和母魚需要同品種交雜才行。若公魚和母魚是不同品種交雜，那麼多半會喪失原品種的特徵。

一般除非具有培育新品種的目的外，是不會讓不同品種交雜的。

■成長後會有這麼大的差異

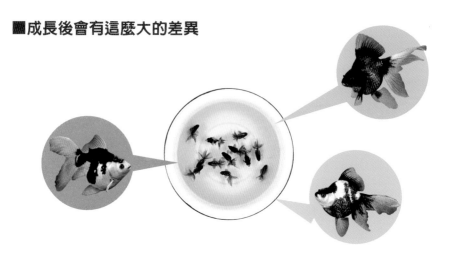

稚魚的篩選和飼養管理

◆第一次的篩選‥‥‥‥‥2～3週後

第一次篩選的時機，大約在孵化後2～3週，亦即稚魚成長到某程度而水槽需要換水時。進行篩選時，首先將水槽內的稚魚全部移到水桶等容器。接著每次從水桶撈約10尾移到塑膠袋。經過篩選後，再以同樣方式撈出另外10尾來篩選。這時的篩選重點，是觀察稚魚的身體或魚鰭等是否彎曲。

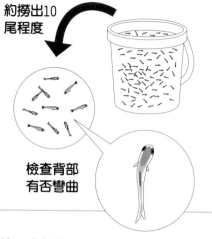

約撈出10尾程度

檢查背部有否彎曲

選擇魚鰭形狀等清晰明確的

◆第二次的篩選‥‥‥‥1個月後

第二次的篩選時機約在孵化後1個月後。在第一次篩選因為身體還小不易發現的部分，這時候已能清晰分辨，故可剔除有缺點的金魚。

同時，體型大小也有相當落差，為了希望飼養的金魚大小均等，可把體型極端大或極端小的金魚加以剔除。

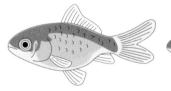

檢查是否成長過大或過小

◆第三次的篩選‥‥‥‥1個半月後

雖然依品種有些不同，但第三次的篩選時機約在孵化後的1個半月。到了這時期，體色已開始由鯽魚色轉變成金魚的紅色。因此可觀察體型、尾鰭形狀和體色等整體狀況，選擇最喜歡的金魚。如果水槽空間夠大，想留下較多的金魚，等再成長一陣子後再次篩選也無妨。但請別忘記，這是會增加日後的管理負擔。

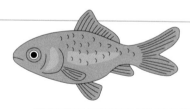

選擇體色或尾鰭形狀最理想的金魚

金魚的疾病

瞭解疾病的種類和其治療方法

金魚生病的原因幾乎都是環境變化所致。這些疾病有些雖可以治療，可是最重要的還時避免生病。

 ## 瞭解疾病的徵兆

當能從外觀明確判斷疾病時，病狀大概已相當惡化。為了防範延誤治療而死亡，儘量在罹病的早期階段即開始治療。

罹病的初期階段，可從異於健康時候的動作發現。例如，鰓的活動加快、糞便變白、躲在水槽角落靜止不動等。若能在初期階段發現這類異常，迅速排除原因，不少金魚可馬上恢復健康狀態。

第一次飼養金魚時，或許困難察覺這類動作變化，但透過平日的仔細觀察，學會判斷金魚健康與否的狀態差異後，就能降低金魚生病的機率。

■金魚健康狀態的改變

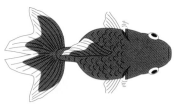

鰓的活動加快

糞便變白色

靜止不動

■金魚生病的初期症狀

體表變得白濁

身體和魚鰭出現充血現象

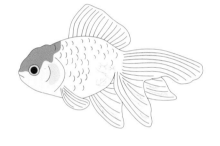

只有單側的魚鰓會活動而已

生病時會出現的症狀

金魚生病時，有的體表會變白。這是因為身體狀況欠佳，體表分泌眾多黏液所致。

另外，若感染細菌等，身體或魚鰭等不會出現充血現象。

鰓蓋激烈活動或鰓一側活動、一側閉合時，也是健康出問題時常見的徵兆。

肉眼看不見的細菌、病毒所引起的疾病，雖然症狀大同小異，但原因則全然不同。這類疾病有時需要藥品治療。這時務必擁有專業知識，並非任何人都能輕易醫治。

金魚生病時，疾病本身的判斷就有困難，故一旦罹病，難以治癒並不稀奇。很遺憾的，我們能治療的金魚疾病，只限於容易判斷原因的部分疾病。無法進行特殊檢查，不明原因的疾病，則幾乎無法治癒。

相反的，若因魚蝨、錨蟲等寄生蟲引起的疾病，因為肉眼能察覺寄生蟲，故治療上也較簡單。

疾病的預防

金魚也會罹患病毒性疾病，但卻無法像人類預防感冒般施打疫苗。因此平日細心的飼養管理才是預防各種疾病、守護金魚健康的重要條件。

金魚生病時，若撇清自己飼養管理上的問題，而完全怪罪「這尾金魚太虛弱」的話，那在飼養金魚上絕對無法成功。

的確存在體質較弱的品種，但這些品種已自古飼養、繁殖至今，當然只要妥切照顧，就能預防疾病上身。

發現金魚有異常狀態時，請馬上換水。這也是避免金魚生病的重要作業。

吃剩的飼料要用
撈網撈除

我吃得太飽了！

◆給予飼料的注意事項

飼料儘量給予能吃完的量，發現殘存，則用撈網撈出為宜。否則殘存水中的飼料，將是惡化水質的禍首。

另外，金魚消化不良時會排出白色糞便，而且食慾不振。故發現金魚不太吃飼料時，為了確認是否消化不良引起，請暫停餵食觀察情況。

◆注意水質的變化

定期進行換水，不僅能降低水質變化，尤其對防範疾病也有效。但平日不換水，突然徹底清洗水槽、進行換水，卻會因水質急遽變化，反而導致金魚生病。

因為過濾器無法排除的有害物質，務必靠定期換水來排除。

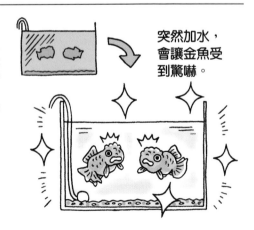

突然加水，
會讓金魚受
到驚嚇。

◆ 注意水溫的變化

如果一天內的水溫差高過20度,金魚會備受壓力而消耗體力,而且容易生病。

面對直射陽光的場所、夏季緊閉門窗的室內或冬季開暖器的屋子等,都容易發生水溫差過大的情況。因此在這些場所設置水槽時,務必具備減少水溫差的措施。

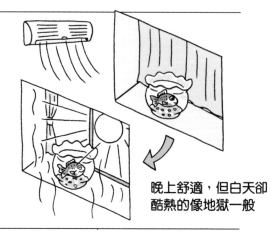

晚上舒適,但白天卻酷熱的像地獄一般

◆ 購買新金魚時的注意事項

把新買的金魚馬上放入水槽,有時會帶來疾病。因為細菌、病毒等疾病,未發病時是無法靠外觀判斷得知。把未察覺生病的金魚放入水槽,必然互相感染,結果連原來飼養的金魚也會全滅。為了避免引發這類事端,新買回的金魚請先放在別的水槽,確認沒有疾病才放入原本的水槽。

◆ 繁殖行動結束後的注意事項

水槽內進行繁殖時,飼養水的水質會急遽惡化。若放置不管,因繁殖行動消耗體力的金魚,會因難耐惡化的水質,增加生病的危險性。

這時候,最好把公魚和母魚分開在不同水槽飼養,而且把繁殖行動後的飼養水,迅速更換為新鮮水為要。

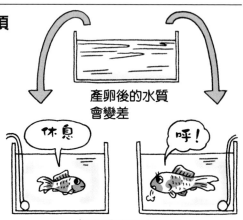

產卵後的水質會變差

把公魚和母魚分開

寄生蟲

金魚寄生蟲中最具代表性的是魚蝨、錨蟲和白點病原因的白點虫。

這些寄生蟲普遍能在金魚身上發現，多半從新買的金魚帶入水槽的。

通常這類寄生蟲寄生在金魚身上時，不會馬上致死。但金魚會慢慢衰弱，故早日驅除為要。

白點病

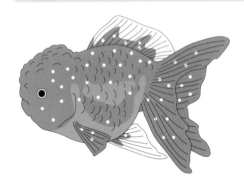

因為寄生白點虫而引起的疾病。低水溫時期容易寄生，但水溫超過25度的夏季則幾乎看不見。治療法是用市售的觀賞魚專用藥品。此時可兼用加溫器慢慢升高水溫，來提高藥品的治療效果。

購買金魚時，要仔細觀察體表有否白色斑點，確認有否疾病。

白雲病

因為寄生原生虫類寄生蟲所引起的疾病，被寄生時體表會出現白雲狀斑點。這種疾病的症狀會迅速惡化，早期治療相當關鍵。治療法是使用市售的觀賞魚專用藥品。

不過，藥品會導致水草枯萎，因此用過藥品的水草需要全部丟棄。

魚蝨病（Argulus）

　　成虫會長達5mm的寄生蟲，而且會寄生在魚體的各部位。被寄生的部分會出現充血跡象，故發現這種狀態時，極可能被魚蝨寄生。

　　買入金魚後若馬上發現寄生，請用夾子夾除寄生蟲。但若太慢發現，寄生蟲已在水槽內繁殖時，可用市售的藥品加以完全驅除。

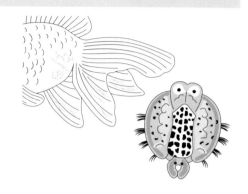

錨虫病

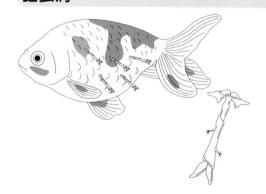

　　甲殼類的一種，會把頭部刺入金魚的魚鱗或部分皮膚寄生。成虫會長達10mm相當明顯，不過，寄生幼虫時卻不易察覺。

　　錨虫用夾子拉一拉即可輕易拔出，但要避免錨虫頭部折斷殘留在金魚身上，務必注意。

吸虫病

　　因為寄生基洛達克奇爾斯、達克奇洛基爾斯等肉眼看不見的寄生蟲所引起的疾病。這種寄生蟲會大量寄生在魚鰓上，導致金魚呼吸困難，不久死亡。

　　一般而言，肉眼是無法確認這種寄生蟲的寄生。治療法是用市售的觀賞魚專用藥品即有效果。

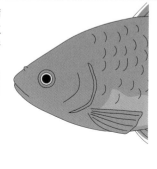

吊鐘虫病（鐘珠虫病）

這種疾病又稱為鐘珠虫病。原生動物之一的鐘珠虫病，寄生在金魚體表或魚鰓所引起的疾病。被寄生時，金魚表面會充血或鱗片會浮高。而且這種疾病的寄生蟲也無法從肉眼確認。

治療法和其他疾病相同，請遵照觀賞魚專用藥品的說明書進行。

霉菌、細菌類

因為霉菌、細菌感染的疾病，也是金魚常見的疾病。

若質疑感染這類疾病時，應趁早期趕快使用藥品治療。因為疾病的初期階段，對金魚傷害程度較少，對日後的觀賞障礙也較不明顯。

水霉病

水霉菌有許多種類，都是因為體表、魚鰭有傷口而產生的病發性寄生。寄生水霉菌時，金魚全身會像覆蓋棉花一般，不久衰弱死亡。

水霉菌不會寄生在健康的金魚上。而且，夏季少見，多半發生在水溫低的春、秋季節。治療法是使用市售的觀賞魚專用藥品。

穿孔病

過去曾有一段時期流行穿孔病，但最近已相當少見。感染這種疾病時，最初魚鱗會脫落，不久出血，出現肌肉外露狀態。

原因是細菌感染，外觀似乎相當嚴重，但金魚不會馬上死亡。治療法是遵照市售的觀賞魚專用藥品說明書進行。

松毯病

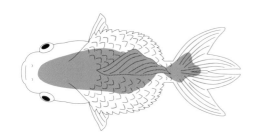

魚鱗會一片片如水腫般豎立起來的可怕疾病。有些還會出現體表充血或眼睛凸出的現象。

由於魚鱗豎立的原因不只一種，因此，目前尚未完全確立這種疾病的治療法。故使用市售的觀賞魚專用藥品有時能治癒，有時則否。

尾腐病

因為稱為卡拉姆納利斯的細菌感染魚鰭所引起的疾病。感染這種疾病的初期症狀是魚鰭變白濁，不久魚鰭會腐爛到基部，顯得破碎不堪。

同時，根據感染這種細菌的部位，另有口腐病、鰓腐病等的病名。使用市售的觀賞魚專用藥品雖可治療，但重傷時就困難治癒。故請別延誤，趁早治療為要。

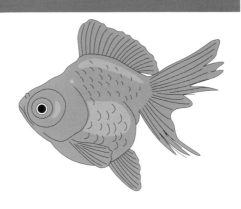

有關疾病的治療

察覺一尾金魚生病時，馬上要檢查所有飼養在水槽的金魚，瞭解有否罹病。如果生病的金魚只有一尾時，則把這金魚移到其他水槽進行藥浴。有些疾病無須藥浴，只要進行0.5％的鹽水浴即能治癒。

疾病發覺太慢，質疑水槽內所有的金魚都感染時，請參照藥品說明書，直接在飼養水槽內投藥，並觀察一段時間。另外，因藥品效果，藥品顏色會殘流水中，但一段時間後即會淡化，如果症狀沒有改善，請再次投藥看看。

因為細菌引起疾病時，要把平日使用的飼養器具到砂礫、水槽等全部重新洗淨乾燥。而且像購買新水槽時一般，重新安裝各種設備。

過去認為出生一年以上的金魚較強健、容易飼養，但這個想法在最近已被推翻。即使體型大的金魚或體質弱的金魚，都可能在疾病發作後數天內突然死亡。

金魚對疾病的抵抗力是強是弱，很難從金魚的外觀辨別，多半需要實際飼養才能體會。

■發現金魚生病時

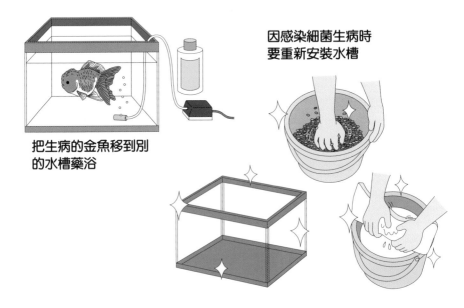

因感染細菌生病時
要重新安裝水槽

把生病的金魚移到別
的水槽藥浴

定價：250元

Tropical Fish・Aqua Plants・Marine Tropical Fish

熱帶魚・水草・海水魚
養殖小百科

本書以豐富的照片和插圖，向首次接受挑戰的初學者詳細介紹熱帶魚、水草、海水魚的培育和繁殖方法。

讓府上也能擁有宜人的熱帶河川、湖泊和海洋景觀！現在就開始常識看看吧！

飼養金魚的Q&A

Q. 金魚的壽命如何呢？

A. 會因飼養環境、品種而異，但能存活10年左右並不稀奇。一般，和金等長體型的金魚比琉金等圓體型的金魚長壽。據說其中有些金魚的壽命可長達數十年。

Q. 何謂品評會？

A. 根據品種設立體型、游水方式等固定的審查基準，並未金魚排名的活動。尤其是蘭鑄的品評會相當有名，每年在日本各地舉辦。此外，如土佐金、南京、地金等品種，各產地也有品評會。而這種品評會的最大魅力是愛好家把平日精心育成的優質金魚在此聚集一堂。

Q. 不換水會有什麼後果？

A. 即使設有過濾器的水槽，若完全不換水，仍會影響金魚健康，持續置之不理不久即會死亡。換水次數雖依金魚大小、水槽大小和給予的飼料量等來決定，但在小水槽飼養許多金魚時，水必然快速污濁。相反的，在大小槽飼養少量金魚時，水的污濁程度也較慢。

Q. 池水變綠色是否有問體？

A. 水色變成綠色時，是植物性浮游生物繁殖所致。過去被認為略變綠色的水，最適合飼養金魚，亦即高明飼養的標準。可是，水老化後變成深綠色的水，卻有害金魚健康，要注意。

Q. 撈金魚獲得的金魚長不大嗎？

A. 撈金魚獲得的金魚能夠育成像店裡販售的金魚一樣。只是，飼養環境務必相同才行。給予的飼料量或飼養水槽的大小等的飼養環境若不同，成長狀況當然也不同。

Q. 金魚死掉該怎麼處理？

A. 家裡有庭院的話，就在庭院挖洞掩埋即可。若沒有庭院，則把死亡的金魚視為廚餘處理。

Q. 便宜的金魚和昂貴的金魚有何差異？

A. 金魚價格的高低，其實取決於市場的供需狀態。能夠大量繁殖、品質差異不大的品種，由於能大量供應，價格也隨之便宜。但只有幾萬分之一機率才能育出的金魚，若需求量高時，價格也隨之攀升。例如鱲鯖，針對參加品評會培育的鱲鯖，品質相當優越，價格可高達日幣數十萬元整。可是一般觀賞用的鱲鯖，卻只要日幣數百元即可買到。另外，體型大小也影響價格。這和品評會基準相同，以體型和游水方式等品質為重要指標。

Q. 可以整年都用金魚缽飼養金魚嗎？

A. 金魚的飼養，水量越多越容易飼養。因金魚缽無法裝太多的水，故不適合長期飼養。夏季還能悠游於金魚缽的金魚，到了秋季可能就要準備水槽等較大的容器，讓長大的金魚舒適生活。

Q. 開始飼養金魚時需要多少預算？

A. 飼養少數的小金魚，大約只要花一千多元即能擁有飼養上的最低限度必要器具。但想長久飼養金魚的話，最好也要具備水槽以及其周邊器具，才方便日常的管理。推薦選用60cm水槽飼養，因安裝的內容物會有差異，但不妨尋找約日幣一萬元左右的各廠商產品。

Q. 金魚會睡覺嗎？

A. 金魚沒有眼瞼，但關閉水槽照明一陣子，再度開燈照亮水槽時，會發現金魚出現不同白天的發呆狀態。這種狀態稱為金魚的睡覺狀態。因此，晚上應該關閉燈光讓金魚安穩休息為要。

Q. 何謂中國金魚？

A. 日本昭和時代從中國進口水泡眼、青文魚、茶金和珍珠鱗等多樣金魚品種。日本把這時期進口的品種稱為「中國金魚」。而在這之前從中國進口的凸目金、荷蘭獅子頭和琉金等級稱為「日本金魚」。這些進口的中國金魚，目前在日本眾多養魚場內也有生產。至於，最近從中國或東南亞各國進口的金魚，則一律稱為「進口金魚」。

Q. 撈金魚獲得的金魚比較衰弱嗎？

A. 撈金魚獲得的金魚若和店家販售的金魚相同品種的話，其健康狀態其實並無兩樣。只是撈金魚場的金魚之所以容易被撈起，可能虛弱游不快，因此在此狀態帶回家的金魚，多半給人較虛弱的印象。

◆青水

因為產生植物性浮游生物而變成綠色的飼養水。在室外飼養時，夏季只要數天就會出現青水。青水具有使金魚的紅色發色更濃的增色效果。因此使用適度的青水來飼養金魚，金魚的色彩會更漂亮。可是也有無法清楚觀賞金魚的缺點。

◆明二歲

金魚的年齡說法。若春季誕生，到當年年底稱為當歲魚，到隔年的出生月份稱為明二歲，但到隔年的年末則稱為二歲。再隔一年的春季稱為明三歲。以此類推來計算金魚的年齡。

◆白變種（albino）

因為突變，色素發生異常的狀態。例如眼睛變紅，身體變黃等。

另有類似白變種，會使眼睛變紅成為紅目變種。只是，白變種是一孵化，眼睛就會變成紅色。而紅目變種是褪色後眼睛才會變紅。雖然外觀相似，可是白變種和紅目變種在遺傳學上是截然不同的狀況。

◆增色

指藉由飼料來加深金魚的紅色發色。當金魚的紅色色素無法在體內產出，或無法從飼料攝取，或本身成分不足時，紅色都會褪色。

飼養在室外水池時，由於水池會自然產生具有增色效果的植物性浮游生物。所以金魚吃過後即能維持紅色。但是，室內的水槽無法產生這類浮游生物，因此需要給予含有增色效果成分的飼料。

◆俯視、側視

從上方觀賞金魚稱為俯視，從側面觀賞稱為側視。由於現在多半飼養在水槽，因此也以側視為觀賞的主流。若像過去飼養在魚缽或水池時，則普遍以俯視觀賞。不過像鱗鰭、土佐金等，目前的愛好者還是採用俯視觀賞。

◆追星

繁殖期間的公魚胸鰭或鰓蓋上，會出現白色的小凸起物稱為追星。這種追星出現後，公魚即會追逐有卵子的母魚。。

◆親魚

指三歲以上的金魚稱呼。

◆魚巢、產卵藻

金魚產卵用的藻等。也常利用水草或人工魚巢。

◆置放水

製作飼養水時，用水桶接自來水，然後放置幾天後的水。

由於自來水含有消毒用的氯氣，放置幾天後，即使不用氯氣中和劑，也能當飼養水利用。

◆黑子

開始褪色以前，體色變黑的當歲魚。

◆交雜、交配

公魚和母魚彼此交尾產卵的過程稱為交配。金魚中，使用不同品種互相交配的情況稱為交雜。

◆褪色

又稱為變色。普通鱗的金魚，在出生後到數十天內是和鯽魚一樣呈現黑褐色。不久，體內的黑色素會消失，變成紅色的金魚。像這般的色彩變化稱為褪色。

◆三合土池

使用混泥土做成飼養金魚的正式飼養設備。

主要提供專業者或愛好者飼養參與品評會的金魚使用。無論給水、排水等設備都十分完善。也能有效管理大量的金魚。

◆調色
人為控制金魚身體配色的作業。

◆當歲魚
金魚的年齡說法。若春季誕生，到當年年底稱為當歲魚。

◆透明鱗
沒有色彩，體表看起來如透明般的鱗片。花斑凸目金和東錦等都擁有這種透明鱗。

◆長體、圓體
身體長形的金魚稱為長體，短形的金魚稱為圓體。即使同一母魚生產的金魚，體長也各不相同。這時候，對身體較短的金魚可以說「這尾金魚是圓體」。

另外，同品種中有時還區分體長金魚誕生多的系統或體短金魚誕生多的系統。這情況下則可採用長體、短體的說法。

◆長形種、圓形種
和金和彗星等長體型的品種也可稱為長形種，而像琉金等圓體型的品種則可稱為圓形種。

◆肉瘤
指稱蘭鑄或荷蘭獅子頭等金魚頭上所聳高的肉塊。主要特徵是肉瘤越發達，金魚的頭部就比肉瘤不發達的金魚顯得較大較有稜角。肉瘤也是觀賞上的重點之一。

◆抬鼻
當水中的氧氣不足時，金魚會浮在水面附近反覆開閉口部的狀態。因此若飼養水的量無法對應金魚數目時，常會發現這種現象。

若置之不理，金魚容易衰弱死亡，故需儘速進行打氣或減少金魚數目等改善措施。

◆開尾
除了鯽尾、燕尾外的三片尾、四片尾等尾鰭的總稱。

◆普通鱗
指裡側具有能反射光線之色素細胞的鱗片。擁有這種鱗片的金魚會出現褪色現象。

◆鯽尾
和鯽尾相同形狀的金魚尾鰭。從標準的開尾品種也會產生鯽尾的品種，但由於在初期階段就經過篩選，因此我們很少見到。

◆鹹水蝦
出現在鹹水湖的一種海產蝦，可當作剛孵化的幼魚飼料。鹹水蝦是以乾燥的卵子狀態販賣，將卵子放在3％濃度的鹹水中強打氣，約過24～36小時即會孵化。然後把卵殼去除，即可餵食金魚的幼魚。

原本用來飼養熱帶魚，但最近也用來飼養金魚。只需拿必要份量來孵化使用，相當方便。

◆pH（酸鹼度）
表示水的酸性或鹼性程度的指數。據說金魚喜歡中性的pH7.0，不過無須過度在意。只是pH質太低時，會影響金魚健康，務必進行換水等措施。

◆調水
把金魚移到新的水質環境時，為了緩和水質或溫度變化所要進行的作業。例如，剛買回來的金魚，要連同塑膠袋一起移入水槽中，等適應水溫後，再慢慢在袋中加新水的過程就是調水。

◆藥浴
讓金魚游在添加藥劑的水中。

索 引

戶　名　瑞昇文化事業股份有限公司　劃撥帳號　19598343　劃撥優惠
3本以上9折　5〜9本85折　10本以上8折　單本酌收30元掛號費

木工收納傢俱

- ●16開 96頁 平裝本
- ●特銅彩色
- ●定價250元

本書教您利用市售的木條版和組合櫃，製作32種獨一無二，符合您自家尺寸的便利木工收納傢俱，讓您不用再遷就一般市售現成的傢俱。

超簡單木工

- ●16開 96頁 平裝本
- ●特銅彩色
- ●定價250元

利用身邊的常見素材，加上一些巧思，就可以利用簡單的木工，製作出便利又方便的收納傢具，為自己打造出一個溫馨又舒適的居家環境。

箱式收納＆整理

- ●16開 96頁 平裝本
- ●特銅彩色
- ●定價250元

本書教您利用彩色收納箱與平時隨處可的各式紙箱、紙盒，以『箱式收納』，終結家中所有室內亂象，為您創造出舒適宜人的知性生活空間。

狹小空間
收納妙點子

- ●16開 104頁 平裝本
- ●特銅彩色
- ●定價250元

戰勝狹小的空間的生活智慧。只要改變現有的空間使用模式，利用不可思議的空間魔術，就可以輕鬆的把家庭雜物變不見了，創造出一個嶄新的生活空間。

木工傢俱
生活雜貨

- ●16K 96頁 平裝本
- ●特銅彩色
- ●定價250元

52種利用彩色箱和木條板製作的個性化室內傢俱，簡單樸實，不管放在任何角落都適宜，只要花點時間DIY，便能讓您的房屋漂亮大變身。

木工彩繪
改裝真簡單

- ●16開 96頁 平裝本
- ●特銅紙彩色
- ●定價250元

改變色彩就能換然一新，油漆便是最簡單的改裝方法。透過簡單的上色技巧，塑造自家風格。

MTB登山車
改裝・維修・保養

- ●16開 128頁 平裝本
- ●特銅紙彩色
- ●定價300元

以前所未有的詳細寫真解說，教您如何改裝、維修您的愛車，讓您從入門的生手進階成為pro級的MTB高手。

住家美化＆收納

- ●16K 144頁 平裝本
- ●特銅彩色
- ●定價320元

活用寶貴空間、提高收納技巧，本書針對房間、廚房、浴室等各種空間提供300個高明的收納方法。

戶　名　瑞昇文化事業股份有限公司　劃撥帳號　19598343　劃撥優惠
3本以上9折　5～9本85折　10本以上8折　單本酌收30元掛號費

簡易木工傢具 DIY

- ●16開 128頁 平裝本
- ●特銅彩色
- ●定價 300元

木工作品中最引人喜愛的鄉村風味室內設計與傢具製作，讓您的木工水平更上一層樓。

四季花語 紙黏土花藝創作

- ●16開 108頁 平裝本
- ●特銅彩色
- ●定價 300元

您知道利用紙黏土也可以創造出許栩如生的美麗花卉嗎？只要幾樣簡單的材料與工具，就可以讓您一年四季與花相伴。

家庭簡易木工

- ●16K 128頁 平裝本
- ●特銅彩
- ●定價320元

七大簡易手工創意櫥櫃、初學者的簡易木工諮詢教室，讓您挑戰夢寐以求的創意傢具。

插花藝術

- ●16開 108頁 平裝本
- ●特銅彩色
- ●定價 300元

從最初入門的基礎花藝介紹，再以循序漸進的方式進入以德國為主的歐式花藝。讓初學者也能輕鬆的享受插花樂趣。

樂在家庭木工

- ●16開 136頁 平裝本
- ●特銅彩色
- ●定價 320元

家庭木工常見的基礎問題與解決策略，還有提升傢具製做技巧的祕訣，是木工一年級的必修課程。

人體學習大百科

25開 304頁
彩色特銅 定價300元

全書超過800張全彩插圖，以最簡明詳實的方式將全身各部位的器官、功能、結構表現出來。就連毛髮、指甲、細胞、遺傳基因等也都有詳盡的介紹說明。同時還有全身各器官的主要疾病以及形成原因及症狀介紹。

舒適、貼心 超可愛動物抱枕

- ●16開 64頁 平裝本
- ●單、彩色
- ●定價 250元

本書收錄有20種最可愛的動物抱枕，有綿羊、小豬…。製作簡單，並附錄有實物大的紙型。保證一定讓妳愛不釋手。

透視人體 醫學地圖

菊8開 182頁
雙色印刷 定價420元

本書提供簡潔明快的、詳盡易懂的「目視人體機制」插圖，共八大章節，依身體器官別區分，在輔以淺顯易懂的文字說明，不管任何時候都是您最貼身及時的健康顧問。